高等院校艺术设计类"十四五"规划教材

MODEL DESIGN AND PRODUCTION

模型设计与制作

主　编　任东改　武钾赢　宋阿媛

副主编　李菊红　李玫欣

中国海洋大学出版社

·青岛·

图书在版编目（CIP）数据

模型设计与制作 / 任东改，武钾赢，宋阿媛主编 ． — 青岛：中国海洋大学出版社，2024.8． — ISBN 978-7-5670-3958-2

Ⅰ．TU205

中国国家版本馆 CIP 数据核字第 2024NA8362 号

出版发行	中国海洋大学出版社
社　　址	青岛市香港东路 23 号　　　　　　邮政编码　266071
出 版 人	刘文菁
策 划 人	王　炬
网　　址	http://pub.ouc.edu.cn
电子信箱	tushubianjibu@126.com
订购电话	021-51085016
责任编辑	矫恒鹏　　　　　　　　　　　　电　　话　0532-85902349
印　　制	上海万卷印刷股份有限公司
版　　次	2024 年 8 月第 1 版
印　　次	2024 年 8 月第 1 次印刷
成品尺寸	210 mm×270 mm
印　　张	10
字　　数	239 千
印　　数	1～3000
定　　价	59.00 元

发现印装质量问题，请致电021-51085016，由印刷厂负责调换。

前　言
PREFACE

　　模型是指通过主观意识借助实体或者虚拟表现，构制客观形态结构的三维表达形式。环境设计模型是对环境设计类的空间设计方案进行形态结构客观实体表达的途径，是设计方案表达中最为形象直观且接近真实的手段。本教材主要以环境设计专业的模型设计与制作为主进行讲解。

　　高等院校环境设计专业模型设计与制作课程的开设，可以锻炼学生三维空间的思考及建构能力，以及通过材料、设备、工具将二维的方案设计生成三维空间实物的实践动手能力。模型设计与制作的目标是将设计方案的二维平面图纸转化为三维空间的立体实物直观地呈现在观者眼前。

　　本教材共六章，第一章对模型的概念、价值及特点、种类和发展趋势做了概述；第二章介绍模型的表现材料与制作工具；第三章对模型的表现类型与制作技巧进行了阐述；第四章详细介绍模型设计与制作的程序和方法；第五章通过实例来介绍模型设计与制作的实践；第六章介绍了模型的拍摄与展示。从概念到原理再到方法论和实践，通过循序渐进的知识递进讲述以及实践操作案例举证，为模型设计与制作的教与学提供较为直观和系统的理论及实践指导。

　　本教材编写注重内容的与时俱进，重点强化模型设计与制作过程的可操作性指导，并融入数字化教学手段，配套了视频资源及详尽的制作过程案例PPT。这些资源的时效性可以在课程教学中发挥积极作用，从而可以巩固学生对模型设计与制作知识的掌握，并有效引导他们进行深入的延伸性学习。

　　本教材在编写过程中得到郑州商学院艺术学院环境设计专业教研室主任马前进老师的指导，以及河南财经政法大学的丁松丽，郑州西亚斯学院的王冀豫，郑州商学院的王莉、刘钰等多位老师的支持。同时，郑州商学院艺术学院环境设计专业的学生也为本教材的编撰提供了大量案例图片和视频资料，在此一并表示衷心感谢。

　　由于编者的水平所限，以及不同学校环境设计专业人才培养的侧重要求等不同，书中若有表述欠妥和未尽之处，敬请环境设计专业师生及读者朋友批评指正，以便日后进行完善和修改，更好地为环境设计专业模型设计与制作课程的教与学提供更为科学的指导。

编者
2024年6月

案例PPT及制作视频

目　录
CONTENTS

第一章　模型概述

教学目标：了解模型的基本概念，理解模型的分类，掌握各种模型的特点。

教学重点：模型简介。

教学难点：模型的分类。

在不同领域中，模型有着不同的概念和含义。例如，在科学领域、统计学领域、工程领域、软件工程领域、艺术设计领域、交通规划领域等模型都被广泛运用。不同领域的模型会采用不同的表现形式，但共同点是通过建立抽象或具象的形态来更好地理解和解决现实世界的问题。

在艺术设计领域中，环境艺术设计、视觉传达设计、产品设计、动画设计以及服装设计等专业需要借助模型对设计概念进行表达。虽然针对不同的专业，模型的选材、工艺、配饰等均不相同，但是都需要经过反复观摩、推敲以达到最佳的设计效果。越来越多的设计类院校把模型设计与制作课程教学作为培养学生设计实践能力的一种有效途径。本教材重点立足于环境设计专业的模型设计与制作进行相关概念的解读。

第一节　模型的概念

模型可以被定义为对真实对象或系统的简化、缩小或抽象的表示，是通过使用各种材料、技术和工具来创建的三维物体，旨在用于理解、研究、展示或者解决问题。模型的设计与制作是一个创造性的过程，通过将想法和概念转化为具体的物体，帮助人们更好地理解和探索现实世界中的对象和系统。无论是用于教育、工程、建筑、科学研究还是艺术创造，模型都扮演着重要的角色。

模型发展到今天，已经不只限于为展示设计方案、汇报方案成果、便于观赏而形成的一种展示模型。当今的模型，是材料、工艺、色彩、理念的结合，设计师不仅要能够动手制作，而且需要把自己的设计思想融入模型中，在具备较强观赏价值的同时，也要具有表达其设计思想的功能，有效解决平面图纸上无法解决的问题。

对于环境设计专业而言，设计过程有两种表达方式：一种是二维的图纸，一种是三维的立体模型（图1-1-1、图1-1-2）。这两种方式都是构成一个设计项目的重要组成部分，两者各有其优势，在设计行业中被广泛运用。

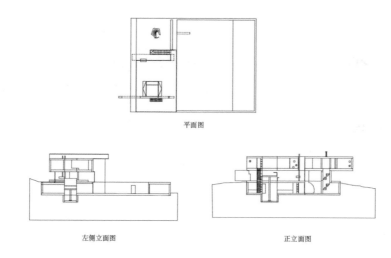

平面图

左侧立面图　　　　　　　　　　正立面图

图1-1-1　建筑二维图纸

图1-1-2　建筑立体模型

模型介于二维平面图纸与实际立体空间之间，它把两者有机联系在一起，是设计的一种重要表达方式。通过模型的设计与制作有助于设计创作的推敲，可以直观地体现设计意图，弥补图纸在表现上的局限性。它既是设计师设计过程的一部分，同时也属于设计的一种表现形式，被广泛应用于城市规划、园林景观、建筑模型、室内模型等方面，以其特有的形象性表现出设计方案的空间效果。模型设计与制作课程在高校环境设计专业的课程体系中已经过多年的发展及教学实践，是培养学生设计能力和实践能力的一种有效途径，对于专业学科而言呈现出了举足轻重的作用。

课后思考

1.模型在环境设计中是如何定义的?

2.模型在环境设计中起了什么作用?

第二节　模型的价值及特点

一、模型的价值

模型在工程、艺术设计等各大领域中都扮演着至关重要的角色。其应用不仅仅局限于理论研究，更是为实际问题的解决提供了参考。在环境设计领域中，模型的应用不仅关乎问题的解决和效果的预测，也不只是一种技术工具，而更是一种产生创造力的引擎，为设计者提供了独特的价值。

一般而言，设计师很难通过二维的平面图纸来表达自己的设计想法，虽然模型的造价要高于效果图，但是草图和模型结合，创造出的三维立体的表现形式，比起二维平面更有说服力，更有助于表达设计师的设计思想，且易于被人们接受。例如，现在全国各地经常举行的房地产交易会上，无一例外都使用了模型来展示各自的楼盘及周边环境。因此，模型的价值体现如下：

（一）环境设计发展的客观需要

随着时代的发展，环境设计项目中的功能、形态、结构、空间、肌理、色彩等这些无法在平面图和立面图上反映出来的信息，都可以在模型中展现出来，这是保证环境设计项目实施成功的必备条件之一。

（二）规划设计发展的客观需要

规划合理的城市，它们的建筑间距、限高、造型风格等都有严格的控制指标，模型能够具体反映城市规划整体之间的关系。

（三）指导施工的客观需要

有的建筑构造比较复杂，很难通过平面图表现出来，施工人员无法正确了解其结构，施工过程中会有一定的难度。为了使施工人员可以正确了解设计师的设计思想，常常采用模型来展现较为复杂的构造部位，用于指导施工。

（四）项目投标过程的客观需要

在大型公共建筑或其他类型的建筑工程的招标活动中，为了向招标单位、审批单位展示建筑与环境的设计理念、特征及建筑的实体效果并取得认可，同时使业主、审批等人员可以对建筑及周边环境有一个比较直观的理解和真实的感受，设计师们常常通过模仿真实建筑和环境的实体模型来展现其设计效果，传递设计理念。

（五）宣传和销售的客观需要

模型是设计师与业主进行交流的重要工具，同时也是宣传和销售的必备手段之一。通过对模型中逼真的色彩与材料、仿真的环境氛围、建筑空间的比较和细部的装饰，让公众能够对建筑本身和周边环境特征有一个直观的理解，也为有购房需求的公众起到一定的指导作用。

（六）学生进行专业实践的客观需要

在设计院校中，模型设计与制作作为一门必修课程越来越受到重视。通过模型的设计与制作不仅可以帮助学生巩固制图的基础知识，培养学生二维平面与三维立体的转化能力，而且还可以训练学生的设计概念和空间概念，对设计方案起到进一步的指导作用。

随着我国现代化建设事业的发展和国家"安居工程"的实施，模型自身的价值日趋明显。在指导工程施工、规划发展、项目投标、展示说明、专业实践等过程中的作用越来越明显，这种立体表现形式往往是必不可少的，为设计人员、业主和审批人员带来了便利。虽然模型的制作造价高于效果图，但它的价值在激烈的商业竞争中已日益彰显。模型的设计与制作的价值正在被社会各界所重视，并逐渐发展为独立的产业与学科。

二、模型的特点

模型与平面设计图相比，具有直观性、表现性、艺术性和时空性的特点。

（一）直观性

模型是以缩微实体的方式来表现设计构思，客观地从各个方向、视点、位置来展现设计作品的形状、构造、尺度、色彩、肌理、材质等方面，力求达到更加深入、完善，接近于真实的设计效果。由于模型展示的是设计实体在三维空间中的形象，因而便于人们研究某个设计项目与环境的关系，以便做出可行性方案。模型还可以直观地表现设计作品的完整性，能够让观者通过模型来评价、欣赏完整的作品空间形式，乃至作品周围的整体环境。

（二）表现性

模型的表现性体现在其对艺术创作的表达能力上。通过模型，设计者可以呈现出空间的氛围和情感的变化，使观者更容易感知和理解设计的目的及情感表达，并且模型通常能够融合多种媒介元素，包括图像、声音、光线等，这种多元素的融合有助于丰富设计的表现形式。

（三）艺术性

现代模型已经不是停留在一个为了解项目功能、空间、外观特点而制作的样品上，模型已经成为一种融合美学原理、审美需求去设计与制作的一个综合性艺术品，它如同家具设计、工业设计的作品一样，更加追求艺术与功能的结合。因此，模型设计与制作的教学也将成为一门综合性的设计类学科，需要有现代艺术理论作为支撑供学生去理解和创作。

（四）时空性

模型的时空性强调模型对时间和空间的合理表达，以便更好地理解设计与时空的关系，此时的模型不仅是一个静态的工具，更是一个动态的、能够反映时空演变的工具。具备时空性的模型设计能够捕捉环境的动态演变，可以模拟模型中的光影、人流等元素随着时间流逝发生的变化，同时还可以模拟季节性和气候变化对环境的影响。这个特点在制作城市规划或者园林景观类的模型时比较重要，季节和气象条件对于模型的艺术效果有显著的影响。

课后思考

1.模型的使用给设计师带来了哪些价值？

2.模型相较于其他表达方式（如平面图纸、视频）具有哪些优势和特点？

第三节　模型的种类

模型已经有3000多年的发展历史，在人类历史的进程中经过了无数次的演变，因此很难从一个角度对模型进行全面的分类归纳。现有的模型种类繁多，不同类型的模型有不同的使用目的。掌握模型的类型不仅可以为模型设计提供设计思路，而且可以提高模型制作的效率。常见的模型分类主要有以下几种：

从环境设计专业角度划分，可以分为建筑模型、城市规划模型、园林景观模型、室内模型等。

从内容角度划分，可以分为规划模型、室内模型、建筑模型、园林景观模型、商业模型、展馆模型、家具模型、车船模型、港口码头模型、桥梁模型等。

从用途角度划分，可以分为设计研究模型、展示陈列模型、特殊模型等。

从制作材料角度划分，可以分为纸质模型、木质模型、发泡塑料类模型、有机玻璃板类模型、ABS树脂模型、金属模型、复合材料模型等。

从表现部位角度划分，可以分为内视模型、外视模型、结构模型、局部模型等。

从制作工艺角度划分，可以分为手工制作模型、电脑制作模型、机械制作模型等。

从时代角度划分，可以分为仿古模型、现代模型、未来概念模型等。

模型设计表现有很多种方法，在环境设计专业领域中，我们将根据专业类型、用途和制作材料这三个角度进行介绍。

一、按专业类型分类

根据专业类型的不同，可以把模型大致归纳为以下四类。

（一）建筑模型

建筑模型是根据已有的建筑或设计构思，使用易于加工的材料依照建筑设计图样或设计构想，按缩小的比例制成的样品。建筑模型是在建筑设计中用以表现建筑物或建筑群的面貌和空间关系的一种手段，主要用于展现建筑外部结构特征、色彩、材质等，是建筑设计特征的最佳表现形式。对于技术先进、功能复杂、艺术造型富于变化的现代建筑，尤其需要用模型进行设计创作（图1-3-1）。

图1-3-1　建筑模型

（二）城市规划模型

城市建设规划对城市的发展至关重要，一个城市要发展好、建设好、管理好，首先要有一个好的规划，在规划下引导发展。城市规划不仅仅是某一处细节的刻画，而是要体现建筑与建筑、建筑与道路、道路与道路以及建筑与周边景观环境之间的关系，因此，城市规划需要城市规划模型（图1-3-2）来具体体现整个城市的规划思路。

图1-3-2　巩义市国土空间总体规划模型

（三）园林景观模型

园林景观模型是一种依据园林中景观建成前或建成后的图纸来制作的模型，目的是使各种有关的设计因素，如功能与形态、整体环境与局部环境、植物、道路、水体等各种因素之间的关系以及单元组合方法、高与宽、色彩和材质等得到更合理的安排。园林景观模型是有助于推进景观设计规划进行深入构思的辅助模型（图1-3-3）。

图1-3-3　春意园景观模型

（四）室内模型

室内模型展现的是建筑在水平面上的投影，重点是表现建筑内部的结构关系。室内模型主要用于展示室内空间的功能分区、自然采光的位置、室内色彩的设计、材质的运用、陈设布置等，供观者进一步了解室内空间的各种信息，多用于售楼部空间作为展示销售的主要依据（图1-3-4）。

图1-3-4　巩义市金科旭辉·滨河赋售楼中心室内环境模型

二、按用途分类

（一）设计研究模型

对于环境设计专业来讲，设计研究模型是教学活动中一种表现设计构思的手段及过程，它以建筑与环境单体的加减和群体的组合、拼接为手段来研究设计方案，因此适用于设计类专业课程的教学，就像立体的手绘草图，只是以实物的制作代替了画笔的绘制。同时，这类模型也适用于设计师在设计过程中分析现状、推敲设计构思、深化设计构思、论证方案可行性等，是设计构思的一种表现手段。设计研究模型具有朴实无华的特点，制作过程不要求特别精细，只要能在设计师之间、师生之间、制作人员之间产生共鸣即可，因此通常选用易加工的材料通过简单的制作方法快速制作而成。虽然这类模型制作过程简单，但是也不能过于潦草。设计研究模型本质在于领导设计，拓展思维，设计者可通过模型制作的过程找寻灵感，激发创意思维，为完成一件完美的设计作品做积累。

设计研究模型一般分为三个阶段，并与设计的三个过程相对应。

① 草图阶段：概念草图——概念模型；

② 设计阶段：方案设计——扩展模型；

③ 执行阶段：施工图的确定——最终模型。

无论是哪个制作阶段，模型的呈现效果都会受类型、材质或相关制作工具以及制作场景的影响，不管最终的模型呈现形态如何，都代表三个过程不断推动设计思想的进一步发展与完善。

这三个阶段的模型之间既有区别又有联系，下面将分别对三个阶段进行描述，主要目的是强调各模型在设计过程中的不同作用，以便更好地为设计服务。

（1）概念模型。

设计往往最开始是通过概念设计来实现的，它可以协调建筑功能、结构功能、造型美观和建造条件之间的关系，是整个设计工作的龙头。对于环境设计专业来讲，除了拟定任务书，还需要制作出一个概念模型，以便表现处在朦胧状态的设计构思。概念模型最重要的就是要简单明了地表达建筑与环境的关系及建筑室内外空间的关系。这类模型的特点是利用片、面、体来表现虚实关系，因此，可以利用简单、易于加工的材料，如KT板和卡纸，并通过加减、组合、拼接等手法进行模型的制作（图1-3-5）。

概念模型不仅要表现构筑物本身，还要表现出周围所处的环境，如加入树木可简单表达室外空间环境氛围，加入人体模型可表达建筑的尺度。概念模型的制作依托于设计灵感，表达手法及材料运用都易于加工修改，因此在制作时可侧重整体形态和空间的体量关系，对于细节和比例的要求不太高，在设计过程中主要起到相互比较、研讨的作用。

（2）扩展模型。

扩展模型是概念模型完成之后的第二个阶段，通过对概念模型的延伸、筛选，在比较和研讨的过程中否定了一些不合理的方案构思，优化后的一类模型。扩展模型是设计者思想的更进一步的表达，剔除了设计过程中的不确定因素，相比较概念模型有了进一步的细致刻画，尺寸比例上更加严谨，仍然需要进行修改（图1-3-6）。

扩展模型在制作过程中注重的是表达的准确性，它探索的是构筑物造型与环境的体量关系，以及在空间、功能、形态、外观、结构细节处理方面是否符合人与环境的相互关系。扩展模型有利于形体的改造、设计细节的处理以及对复杂空间关系的理解，它不仅仅是最直接的设计方案的表现手段，更是一种设计语言，同时可进一步启发设计者的设计思维，让设计思维在模型中产生更强的生命力。

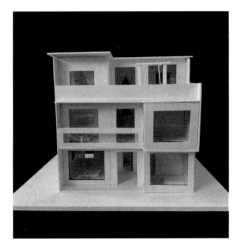

图1-3-5 概念模型

图1-3-6 扩展模型

（3）最终模型。

最终模型是第三个阶段，是一个成熟的设计模型，在制作时需严格按照比例尺寸，注重材料的选用并使用精巧的制作工艺。这类模型的主要目的是用来进一步证实设计构思的可行性，并筑起与客户沟通的桥梁。最终模型的展示便于让人们从各个方向去观察模型，辅助理解构筑物的表现形态及结构，让构筑物形象更加丰富（图1-3-7）。

图1-3-7 最终模型

（二）展示陈列模型

展示陈列模型作为环境设计领域中不可或缺的一部分，扮演着展示、传递信息和创造空间感的重要角色。这类模型可以在工程竣工前根据施工图制作，也可以在工程完工后按实际建筑制作，按照一定比例微缩真实的建筑，因此无论是结构上还是色彩、材质的使用上都要与真实的建筑保持一致。展示陈列模型在商业设计项目展示（如宣传都市建设业绩、售楼部）及环境设计等方面应用广泛。

展示陈列模型的表达方式丰富多样，涵盖了建筑、室内、景观等多个设计领域（图1-3-8、图1-3-9）。这类模型不仅要表现建筑的实体形态，还要统筹周边及内部的环境氛围，所有细节都要考虑到位，并按照一定的比例制作，其所用的材料要求模拟建筑真实效果，并适当进行艺术加工。在制作方法上，要求工艺精细、材料讲究、色彩明快，力求达到真实、形象、完整的艺术效果（图1-3-10）。

图1-3-8 巩义市北宋永昌陵古建筑模型

图1-3-9 室内环境展示模型

图1-3-10 建筑展示模型

展示陈列模型制作周期较长、投资大，以个人能力很难独立完成，因此为了顺应时代的发展，建筑模型制作企业争先涌入市场。这类企业设备齐全、专业技术雄厚，运用各种先进的机械设备进行模型的加工制作，在不断提高模型的制作水平外，同时创造了高额的经济收益，为环境设计专业提供了多种就业方向。

（三）特殊模型

特殊模型是由特殊材料制作而成的，运用于特殊的场所，具有特殊的功能。这类模型综合性较强，制作工艺极为复杂。除了运用各种材料表现建筑模型的外观，还可根据需求采用机械设备、电子设备来表现声、光、水、雾等特殊效果。比如，中共一大纪念馆中上海主城区微缩景观模型，最大程度上还原了历史细节（图1-3-11）；深圳的"世界之窗""锦绣中华"等都是大型特殊微缩模型（图1-3-12、图1-3-13）。又如，河南省巩义市康百万庄园老场景沙盘模型再现了康百万庄园当年的贸易场景（图1-3-14），并运用机械手段，通过声、光、流水、行车等动作景象，以动态的形式展现在观者面前。

图1-3-11　中共一大纪念馆中上海主城区微缩景观模型

图1-3-12　深圳"世界之窗"微缩景观模型

图1-3-13　深圳"锦绣中华"微缩景观模型

图1-3-14　巩义市康百万庄园老场景沙盘模型

三、按制作材料分类

材料决定了模型的表面形态和立体形态，是模型构成的一个重要因素。

（一）纸质模型

纸质模型，通常是由厚纸或卡片制成的模型，经过剪、刻、切、折、喷、画等手段制作而成。这类模型采用的材料简单经济、加工方便、粘接容易，表现效果较好。纸质模型也具有纸的一些通性。一是可塑性非常强。正是因为这个性质，日常生活中制作者才能有效地利用纸质材质进行模型的制作。二是强度差异很大。由于加工方式的差异，不同类型的纸的强度差别很大，比如，有用于防震的硬纸板，也有用于擦拭的柔软纸巾。所以，在模型制作的过程中要根据不同情况选用不同类型的纸，也可以将不同的纸组合起来使用，以便制作结构功能较为复杂的纸质模型。三是环保性。纸是典型的可循环再利用的材料，在纸质模型制作中，在保持模型制作能够顺利开展的前提下，制作者尽量不要用异物污染纸张，并做好纸张的回收工作，以便循环再利用（图1-3-15）。

图1-3-15　纸质模型——阁"镂"

（二）木质模型

木质模型是20世纪80年代前被广泛采用的一种模型制作形式。其制作方法是根据实物、设计图或设计构想，按比例用木材、木夹板制成的同实物相似的模型。常见的有楼房、厂房、帆船、院落等，供展览、观赏、绘画写生、摄影、试验或观测等用。木质模型的功能，一是让观者以小见大，或由大见小，二是形象逼真，观其物而临其境。木纹本身就具备极佳的装饰效果，因此在传统风格建筑模型中的表现力非常强，但是木质模型加工时间较长并且费时费工，因此选择该材质时应考虑好预算及用途（图1-3-16、图1-3-17）。

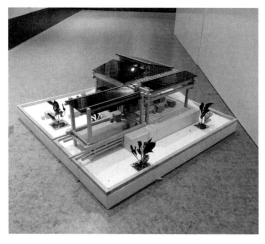

图1-3-16　木质模型

图1-3-17　巩义张祐庄园木质模型

（三）发泡塑料类模型

发泡塑料是一种现代常见并广泛使用的塑料材质。这类材料适用于实体产品模型的制作，如有一定体量的家具模型、建筑模型以及规划模型。与其他多数制作模型的材料相比，发泡塑料最大的优点是质轻、隔热、耐潮湿、易切削，用来制作模型的速度快并且价格低廉（图1-3-18）。

图1-3-18　发泡塑料类模型

（四）有机玻璃板类模型

有机玻璃又称亚克力板，可分为无色透明、有色透明、珠光、压花四种。这类材料具有较好的透明性、化学稳定性、力学性能和耐候性，易染色，易加工，外观优美等优点，在建筑业中被广泛应用。有机玻璃模型是20世纪80年代末开始流行的，此类模型适用于投标、展示展览等重要场合，因其材质特性，制作的模型可以长期保存，并且可以呈现精美、逼真、高档的视觉效果（图1-3-19）。

图1-3-19　有机玻璃板类模型

（五）ABS树脂模型

ABS树脂是五大合成树脂之一，具有强度高、韧性好、可塑性强等特点，广泛运用于各种行业，是一种新型的模型制作材料。这类材料主要用于园林沙盘、展示类数字沙盘的制作，其制作步骤包括选材、画线、切割、打磨、粘接、上色等。ABS树脂板材弹性很好，适宜制作建筑模型的墙面、屋顶、建筑小品、底盘台面和弧形结构等，是当今流行的手工及电脑雕刻加工制作各类模型的主要材料（图1-3-20）。

图1-3-20　ABS树脂模型

（六）金属模型

金属模型一般采用黄铜或不锈钢金属材质制成，与传统纸质、木质、塑料材质模型相比，金属材质稳定性强、精密度高。常见的金属模型有建筑类模型、军事类模型、乐器类模型，等等（图1-3-21）。

图1-3-21　金属模型

金属模型有以下两个特点：第一，金属模型拥有天然的金属质感，所散发出来的诱人光泽是其他材质的模型所无法比拟的。第二，保存持久，具有收藏价值。与其他材质模型相比，无论是整体结构，还是细节表现，金属模型立体感更强，且便于保存和收藏。

（七）复合材料模型

现代的模型设计与制作，一般都采用多种材料复合制作而成，适用于产品、橱窗、展示以及室内外环境和建筑环境的模型制作。例如，在白色的卡纸上粘贴一层印有木纹、石纹、砖纹等的薄膜的纸塑复合材料。这种模型通过合理的材质搭配，呈现极佳的艺术效果。同时复合材料模型也可以成为具有一定的收藏价值的艺术品（图1-3-22至图1-3-24）。

模型的种类是多种多样的，其表现形式也并非固定的几种类型，设计者应该根据自己方案的构思、模型的作用以及想要表现的效果等综合选定一种符合自己设计意图的模型，从经济预算、加工方便程度、表现效果是否良好等方面综合考量。无论哪种模型，在制作过程中都不仅限于使用一种材料，而应根据实际情况，选用其他材料进行辅助制作，做到物尽其用，但要始终遵循绿色环保的理念。

图1-3-22　复合材料模型——小筱邸

图1-3-23　复合材料模型——走过时光的建筑

图1-3-24　复合材料模型——故梦逐园

课后思考

1.在环境设计领域中，常见的模型种类有哪些？

2.不同种类的模型在设计过程中如何进行选择和运用？

第四节　模型的发展趋势

　　发展至今，模型主要应用于产品的开发、商业展示及高校设计类专业教学领域，表达方法一般都是根据需要来制定具体的表现形式。随着技术的不断进步，模型的制作也在发生着变化。模型的发展与设计软件、材料的不断更新、工具的更替等方面都有很大的关系。那么随着科学技术的不断发展与市场需求的不断优化，未来模型的设计与制作又会面临怎样的发展呢？

一、在行业需求上的发展趋势

　　当今社会，市场需求的大小直接决定了一个行业能否立足于社会并得到良好的发展前景。随着城市规划、建筑设计、景观设计的不断发展，行业对模型设计与制作的需求不断增加，特别是在大型的城市规划项目、各种建筑类竞赛中，对于模型的高质量、高还原度的要求也在逐渐提升。与此同时，在数字化技术的背景下，对于模型数字化转型的需求也在增加，以适应现代设计的多层次和全方位表达。

二、在材料上的发展趋势

　　模型与其制作材料的关系是非常紧密的，早期的模型使用的材料只是普通的泥土、木材等，随着材料的不断更新发展，现在模型制作材料有合金材料、塑料材料等。随着材料科学的发展以及模型的设计与制作开始趋于专业化、规模化，制作模型所需要的基础材料与专业材料势必会越来越多样化、系列化和配套化。模型使用材料的仿真度越来越高，所呈现的艺术效果越来越好，其品质也会得到提升。

三、在制作工艺上的发展趋势

　　除材料对模型的呈现效果有一定的影响外，制作工艺也是一个重要因素。传统的模型制作方式一般有雕塑、雕刻两种，手工痕迹较重，主要原因是当时可以利用的制作工具很少。而现代的制作工艺更先进，制作设备更智能，借助数字技术与电子设备制作出来的模型更逼真，更具特点。科技感十足的展示方式可以提高人们对实际立体空间的认知，而这也正是现代模型所需要呈现的特点。模型在未来的发展中将会越来越智能化、数字化、人性化，并出现在各个领域当中。

　　随着3D打印技术的成熟，使得模型批量生产成了可能。过去，制作一套大型的建筑模型可能需要半个月甚至更长的时间才能完成，而且还需要投入大量的人力，花费很多的精力。而现在，使用3D打印技术可以很快制作出一套完整的模型，并且只需要一台电脑和一台专业的3D打印设备即可，这也大大提高了模型制作的效率。

四、在制作工具上的发展趋势

模型的制作工具是决定模型制作水平的一个很重要的因素。现今，模型制作过程中多采用桌面化、小型化和专业化的手工和半机械化的加工方法，专业制作工具屈指可数。这一现象主要是由于模型制作还没有进入一个专业化生产规模，而正是这种现象限制了模型制作水平的进一步提高。随着科技水平的不断提升，目前有不少高等院校、科研院所以及模型制作公司已经利用数控3D打印技术来制作模型，这标志着模型制作的工具也将向系统化、专业化的方向发展，模型制作水平也将跟随制作工具的发展得到巨大的提升。

五、在表现形式上的发展趋势

就目前发展现状而言，大多数模型的表现形式是根据具象的实际需求来定制的。以环境设计模型为例，此类模型主要是围绕展览展示和各类高校对于环境设计专业教学来进行的，其形式较为单一。在未来，这种具象的表现形式也依旧被各行各业采用，但是伴随着人们审美观念的不断改变以及对模型设计与制作这门造型艺术更深层次的认知和理解，模型的表现形式会逐渐多元化，不再局限于传统的物理形式。随着虚拟现实（VR）、增强现实（AR）技术的应用，为设计师提供了更多的表达方式，设计师能够创造出更具有沉浸式和互动性的模型，使得设计思想更贴近现代科技和审美趋势。

课后思考

1.随着科技的发展，未来的模型制作将呈现怎样的发展趋势？

2.新兴技术中的3D打印技术、虚拟现实（VR）、增强现实（AR）技术在模型设计和制作领域有何影响？

思考与练习

1.查阅相关文献和资料，总结不同学科领域对于模型这一概念的定义，并结合环境设计专业的实际情况，提出个人对本专业模型概念的理解。

2.根据模型的种类，搜集各种模型的图片，并分析归纳各种模型的特点。

3.实地观察某一景观、建筑或室内空间，自行创作一个概念模型来表达所观察场景的特点和美感，并在作业中附上图片及文字说明，描述模型制作的过程以及所要传达的信息。

第二章 模型表现材料与制作工具

教学目标： 熟悉模型制作中常用的材料和工具，重点掌握各种材料的性能、特点和应用；通过实践练习掌握不同工具的科学使用方法。

教学重点： 认识不同种类的材料，认识并会使用模型制作中的常用工具。

教学难点： 掌握和区分不同材料的性能、特点和用途。

第一节 模型表现材料

在模型制作中，材料概念的内涵与外延都决定着一个模型的制作效果。制作模型的材料随着时代的发展是不断更新的，随着材料技术的不断革新也在潜移默化地不断改变。用于模型制作的基本材料呈现出多品种、多样化的趋势，由过去单一的板材，发展到点、线、面、块等多种形态的基本材料。另外，随着表现手段多样化和对模型制作的认识与理解的深入，很多非专业性的材料和生活中的废弃物被用作模型制作的辅助材料，专业材料与非专业性材料的界限也越来越模糊。

模型材料的分类方式有很多，根据在模型制作过程中各种材料的使用方法和所担任的角色不同，可以划分为纸质材料、木质材料、塑料材料和其他材料。

一、纸质材料

纸质材料是大家在模型制作中选用最广泛的一种材料，它经济、便捷。纸的规格种类有很多，质地比较轻柔，在制作过程中，操作起来也比较方便，具有很强的可塑性。通过剪刀裁剪、手动折叠就会改变纸张的原始面貌，又可通过折叠产生不同的肌理效果，还可通过层叠渲染改变其固有色。其缺点是物理特性弱，吸湿性强，受潮易产生变形，不易长久保存。常用的纸质材料一般有以下几种。

（一）卡纸

卡纸（图2-2-1）因价格低廉、质感较好、容易加工、易在表面进行处理等特点而被广泛应用于建筑构思模型及简易模型制作阶段。卡纸是一种定量≥120 g/m²的纸材，是介于纸材与板材之间的一类纸型，规格众多，平面尺寸一般为A0～A2，厚度为1.5～1.8 mm，纸面摸起来手感细致平滑，有坚挺耐磨的特性。卡纸具有很好的耐折度，折后不爆裂，表面平整细腻，颜色均匀，且市面上的卡纸颜色多种多样，其中以白卡纸和黑卡纸较为普遍。在制作时可以根据模型主题需要选择不同质感和色彩的纸张，也可以根据设计需要对卡纸的表面进行一些特殊的喷绘处理。有时候会直接使用无彩色系的黑白纸张进行概念模型的创作，质感较厚的纸张还会以裁剪和粘贴的方式灵活运用，有时候也会进行不同颜色的喷漆和着色。

目前，国内市场上的卡纸种类繁多，在制作过程中，卡纸主要用来做模型地形、骨架等较稳固的物体。白色卡纸一般用来做卡纸模型，还可根据需要在白色卡纸上进行上色处理。其处理的方法有很多，可以用水粉颜料直接进行涂刷或喷涂（图2-1-2），此方法使用广泛，经济实惠，也能直接达到模型主题想要的效果。另外，还可用不干胶色纸和各种装饰纸来进行卡纸模型表面的装饰。纸质模型主要依靠切割工具来进行加工与组合（图2-1-3），比如会用到剪刀、雕刻刀、单双面刀片、墙纸刀。卡纸模型各部件间的组合方式有很多，比如会用到手动折叠、切折、切割、切孔、表面装饰附加等立体构成的手法来进行制作（图2-1-4），具体的处理方法还可以根据模型主体造型形态的需要来进行（图2-1-5）。

图2-1-1　色卡纸　　图2-1-2　白色卡纸上色　　图2-1-3　卡纸切割制作

图2-1-4　卡纸折叠制作　　　　图2-1-5　卡纸表面装饰

（二）厚纸板

模型制作中除了卡纸，还有一种被广泛采用的材料就是厚纸板。厚纸板又称板纸，是由各种纸浆加工而成的，纤维相互交织组成的厚纸页，厚度一般为1～2 mm（图2-1-6）。纸板与纸通常以定量和厚度来区分，一般将定量超过250 g/m^2、厚度大于0.5 mm的称为纸板（另说，一般将厚度大于0.1 mm的纸称为纸板；定量小于250 g/m^{2}的被认为是纸，定量大于或等于250 g/m^{2}的被认为是厚纸板）。厚纸板的特性是强度高、重量轻，可"完全替木"使用；属于环保型材料，对环境无任何不利影响，作为出口包装免熏蒸，免消毒；应用范围广，综合成本低，使用便捷，高效。缺点是质地松软，容易受潮，因此在制作组装时还需要依附于骨架来支撑重量。厚纸板的原始色彩以灰色、棕色为主，其颜色可以与白色卡纸做区分，但在具体的制作过程中，常常还可根据模型主题的实际设计需要对其表面进行色彩和图样的印刷或涂抹，或者用其他材料对其表面进行特殊装饰。

厚纸板虽然体量很轻，却很坚固，因此在模型制作过程中会被用来制作模型的底座（图2-1-7）。这种材料易用刀具进行切割，也易黏合，因此在建筑模型中常会被用于制作门窗或其他造型（图2-1-8至图2-1-12）。

图2-1-6　厚纸板

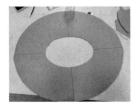

图2-1-7　厚纸板
用于制作底座

图2-1-8　厚纸板
用于制作门窗

图2-1-9　厚纸板制作的门窗细节

图2-1-10　厚纸板制作的汽车模型

图2-1-11　厚纸板制作的建筑模型

图2-1-12　厚纸板模型

（三）瓦楞纸

瓦楞纸最初主要只是用作帽子的内衬，比较透气、吸汗，现在逐渐发展成上、下两层衬纸的结构（图2-1-13）。由于它具有一定的弹性和硬度，对一定重量的结构体有一定的承受力，而被广泛用于包装纸盒。瓦楞纸是由面纸、里纸、纸芯和经过加工而成的波形瓦楞纸，通过黏合而成的多层纸板（图2-1-14）。瓦楞纸一般情况下又可分为单瓦楞纸板和双瓦楞纸板两类；按照楞高和楞数区分，则可分为A、B、C、E、F五种（图2-1-15、图2-1-16）。

图2-1-13　瓦楞纸

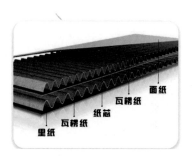

图2-1-14　瓦楞纸的结构

图2-1-15　瓦楞纸的种类1　　　图2-1-16　瓦楞纸的种类2

　　瓦楞纸的成本较低；相较于其他自然材料而言，纸制品几乎不受地域性的限制，具有良好的普遍适用性；构造同一结构的用料重量较轻，运费也就相对较低，因此也就更经济。瓦楞纸的波浪越小、越细也就越牢固，可用于建筑模型的效果表达（图2-1-17）；体积小、重量轻、强度高、缓冲性能佳、适合折叠、有着丰富独特的肌理效果和颜色，可用于室内家具和建筑各部件的效果表达（图2-1-18）。

图2-1-17　瓦楞纸建筑模型

图2-1-18　瓦楞纸在建筑模型上的表达效果

（四）绒纸

　　绒纸是一种具有装饰效果且表层为绒面的纸张，主要用于制作表现模型上的底盘台面、草坪、绿地、球场等。它的颜色比较多，价格低廉，可在单面进行覆胶粘贴，操作性强（图2-1-19、图2-1-20）。

图2-1-19　绒纸　　　　　　　　图2-1-20　绒纸在建筑模型中的应用

（五）吹塑纸

吹塑纸是一种表面平滑的泡沫塑料，颜色较多，易加工，经济实惠（图2-1-21），主要用于制作构思模型、景观模型、建筑小品模型等（图2-1-22、图2-1-23）；还可用来制作路面、山地、屋顶、海波的等高线、建筑室内墙壁上的贴饰等。在具体创作表达时，要依据模型的主题和造型结合吹塑纸的颜色以及表面形态肌理要求选择不同的工具。比如，制作建筑的屋面、屋顶和路面效果时，可选用美工刀的刀背来做划刻加工处理（图2-1-24）。

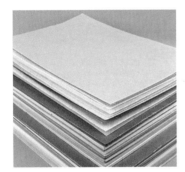

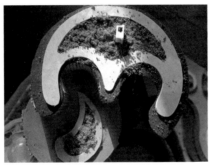

图2-1-21　吹塑纸　　　　　图2-1-22　吹塑纸在建筑　　　　图2-1-23　吹塑纸在建筑
　　　　　　　　　　　　　　　模型上的表达效果1　　　　　　模型上的表达效果2

图2-1-24　美工刀在吹塑纸上的刻画效果

（六）墙壁纸

墙壁纸是一种用于制作建筑外观和室内仿真砖纹、石纹、木纹、瓦纹的装饰纸。材质不局限于纸，也包含其他材料（图2-1-25）。因为色彩多、图案丰富、风格多样、价格适宜，还具有一定的强度、韧度和良好的抗水性能等多种其他材料所无法比拟的特点，故在模型制作中得到相当程度的普及和使用（图2-1-26）。这类纸张在制作模型过程中操作方便，只需要用剪刀剪裁所需比例，用胶水或者双面胶粘贴后便可呈现出预期的效果（图2-1-27）。在剪裁过程中，要注意墙壁纸的图案比例，以免影响最终效果。

图2-1-25 墙壁纸1　　　　　图2-1-26 墙壁纸2　　　　　图2-1-27 墙壁纸在建筑
模型上的表达效果

（七）压纹纸

压纹纸是一种表面带有凹凸图案的纸张，它是采用机械压花或皱纸的方法，在纸或纸板的表面压出花纹的（图2-1-28），通过压花工艺提高了压纹纸的装饰效果，使纸张更具艺术效果。压花花纹种类很多，如布纹、斜布纹、直条纹、雅莲网、橘子皮纹、直网纹、针网纹、蛋皮纹、麻袋纹、格子纹、皮革纹、头皮纹、麻布纹、齿轮条纹。国产压纹纸大部分是由胶版纸和白板纸压成的（图2-1-29），表面比较粗糙，有质感，表现力强，品种繁多。压纹纸独有的艺术特性，使其在模型制作艺术表现中得到了广泛运用（图2-1-30）。

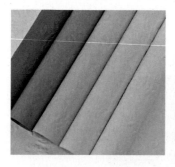

图2-1-28 压纹纸1　　　　　图2-1-29 压纹纸2　　　　　图2-1-30 压纹纸在建筑模型上的应用

（八）模型纸板

模型纸板是模型制作常用的另外一种材料，通常的规格可分为厚度为1 mm和2 mm的白色纸板以及厚度为4 mm的灰色糙纸板（图2-1-31）。它柔韧性适中，具有一定的刚性和合适的厚度，在模型制作中，常被当作模型的底盘、外墙以及中间能承载一定重量的支撑体（图2-1-32）。

图2-1-31　模型纸板　　　　图2-1-32　模型纸板在
建筑模型上的应用

（九）锡箔纸

锡箔纸在模型制作中主要用于仿金属构件（图2-1-33、图2-1-34），可用于具有金属质感的家具和建筑墙面、屋顶的装饰（图2-1-35）。锡箔纸使用起来也比较方便，有的带有不干胶，根据需要，量好尺寸，直接粘贴在要表达的模型表面即可。

图2-1-33　锡箔纸1　　　　图2-1-34　锡箔纸2　　　　图2-1-35　锡箔纸在家具
模型中的应用效果

（十）砂纸

砂纸俗称砂皮，是一种供研磨用的材料，也有不同的颜色（图2-1-36、图2-1-37）。砂纸用于研磨金属、木材等表面，以使其光洁平滑。型号不一样的砂纸表面的粗细就不一样，不同的型号用在不同的地方。400/P800，600/P1200，800/P2400，表示砂纸的粒度，数字越大，代表磨料颗粒越小，摸起来越细，打磨在工件上的划痕越小（图2-1-38、图2-1-39）。

图2-1-36　砂纸1　　　　　　图2-1-37　砂纸2

图2-1-38　砂纸的应用1　　　　　　　　　图2-1-39　砂纸的应用2

　　在模型制作中使用砂纸时，应预先算好需要装饰面的大小、比例，然后进行裁剪。裁剪好的砂纸背面粘贴上双面胶或者乳胶，与装饰面对准进行吻合性粘贴，然后用手或其他工具从被贴面的中间向四周铺平开来。如果铺平后，仍出现一些气泡，可用大头针等尖锐物体将气泡刺透，再用手指尖轻轻压平。最后，装饰面上需留出门窗时，可用铅笔在粘贴好的砂纸上轻轻画出要留的门窗。砂纸也可直接用作景观模型中的路面铺装（图2-1-40）、建筑模型中的屋顶和墙面装饰（图2-1-41）。

图2-1-40　砂纸在模型路面上的装饰效果　　　　图2-1-41　砂纸在模型屋顶上的装饰效果

二、板材

（一）木板

　　在模型设计与制作中，木板是指由木材加工而成的矩形板状材料，通常具有一定的厚度、宽度和长度。在模型设计与制作中，木板通常作为主要材料之一，用于制作模型的各种结构、部件、表面覆盖等。由于木板材质具有坚固、易加工、美观耐用等特点，在模型制作中得到广泛应用（图2-42）。木板从材质上分类可以分为硬木板和软木板。木板有不同的颜色、厚度和纹理，尺寸一般约为100 cm×10 cm，厚度为1~5 mm（图2-1-43）。由于具有坚固耐用、结构稳定、板面平整且不易变形的特性，在制作板式家具的部件材料时常受到创作者的青睐，也常作为内部支架用在模型制作中，或用作平整模型的表面材料（图2-1-44）。

图2-1-42　木板1

图2-1-43　木板2

图2-1-44　木板在模型中的应用

1. 硬木板

在模型制作中，硬木板通常指的是用硬木材料制成的板材，其特点是质地坚硬、密度大、耐磨耐用，适合于制作需要承受一定压力或力量的部件或结构。硬木板常用于木工、手工艺、模型制作等领域，具有较好的稳定性和耐久性。硬木板的幅面尺寸规格为1220 mm×2440 mm（图2-1-45）。

硬木板的表面平整，隔热、隔声性能较好，加工便捷，在使用过程中还可对表面进行多种形式的贴面和二次装饰。硬木板是制作板式家具模型的首选材料，通过板材之间相互叠加胶合后，切割方便且易于加工成设计制作想要的各种单向曲面。缺点是受潮易膨胀变形，在后期需要注意做好隔潮措施。硬木板的种类有很多，从密度上可分为低密度刨花板、小密度刨花板、中密度刨花板、高密度刨花板四类。不同类型的硬木板，它的性能、加工方法和工艺过程也都不一样，因此，在模型制作中，要根据设计的需要来选择刨花板。中密度刨花板是目前模型制作中使用最广泛的（图2-1-46）。

2. 软木板

软木板采用天然橡树树皮为原材料，取自天然，可循环利用，没有刺激性气味，环保健康。软木板具有密度低、可压缩、有弹性、防潮、耐油、耐酸、减振、隔音、隔热、阻燃、绝缘等一系列优良特性，又有防霉、保温、吸音、静音的特点。软木板的幅面尺寸为400 mm×7500 mm，厚度有1~5 cm之间的各种规格（图2-1-47）。在模型制作过程中，单层软木板可用手术刀或裁剪刀，多层或较厚的软木板必须用台式曲线锯和手工钢丝锯进行加工（图2-1-48）。软木板在模型制作中，可以作为表面覆盖材料，减轻模型重量，还可以用作地形制作、支承材料。

图2-1-45　硬木板　图2-1-46　硬木板在模型中的应用　图2-1-47　软木板　图2-1-48　软木板的应用

（二）奥松板

奥松板是用木制纤维压缩而成的木质板材，颗粒细腻，没有木材的节疤和其他缺陷，较为环保。奥松板呈土黄色，板材表面光滑，边缘也平滑，易于进行切割、着色等多种形式的加工制作。奥松板的强度和稳定性较好，可以选用胶粘、打钉等连接方式进行固定。其厚度规格尺寸比较多，模型制作中可根据制作的模型比例及体量选用合适的尺寸，常用厚度尺寸有2 mm、2.5 mm、3 mm、4 mm等（图2-1-49）。

图2-1-49　奥松板及其切割

（三）胶合板

胶合板是由木段旋切成单板或由木方刨切成薄木，再用胶黏剂胶合而成的三层或多层的板状材料（图2-1-50、图2-1-51）。胶合板是模型家具常用材料之一，为人造板三大板之一，亦可供飞机、船舶、火车、汽车、建筑和包装箱等用材。一组单板通常按相邻层木纹方向互相垂直组坯胶合而成，其表板和内层板对称地配置在中心层或板芯的两侧。纵横方向的物理、机械性质差异较小。表层的单板称为表板，里层的单板称为芯板。正面的表板叫面板，背面的表板叫背板。芯板中，纤维方向与表板平行的称为长芯板或中板。胶合板通常都做成三层、五层、七层等奇数层数，常用的类型有三合板、五合板等。胶合板能提高木材利用率，是节约木材的一个主要途径。通常的长宽规格是1220 mm×2440 mm，而厚度规格则一般有3 mm、5 mm、9 mm、12 mm、15 mm、18 mm等。树种主要有榉木、山樟、柳桉、杨木、桉木等。模型制作过程中，胶合板应用广泛，模型结构、外观都有可根据设计需要选择具体材料的胶合板来使用（图2-1-52）。

 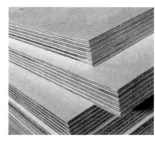 

图2-1-50 胶合板1　　　　　图2-1-51 胶合板2　　　　　图2-1-52 胶合板在模型设计中的应用

（四）ABS板

ABS板是板材行业新兴的一种材料。它的全名为丙烯腈/丁二烯/苯乙烯共聚物板，是产量最大，应用最广泛的聚合物（图2-1-53）。它的规格一般为1~200 mm（厚）×1000 mm（宽）×2000 mm（长），也可以按照要求定制尺寸。板材常用颜色有米黄色、透明、黑色、蓝色（图2-1-54）。它将PS、SAN、BS的各种性能有机地统一起来，兼具韧、硬、刚相均衡的优良力学性能。它有极好的冲击强度、尺寸稳定性好、染色性好、成型加工和机械加工性好、高机械强度、高刚度、低吸水性、耐腐蚀性好、连接简单、无毒无味，具有优良的化学性能和电气绝缘性能，能耐热不变形，在低温条件下也具有高抗冲击韧性、坚硬、不易划伤、不易形变。常规ABS板，可以用剪板机裁剪，也可开模具冲压。工作温度范围为－50℃~＋70℃。其中，透明ABS板的透明度非常好，打磨抛光效果极佳，是代替PC板材的首选材料。同亚克力板相比，它的韧性更好，可以满足产品细致加工的需求，但透明ABS板价格相对比较贵（图2-1-55）。

图2-1-53 ABS板1　　　　　图2-1-54 ABS板2　　　　　图2-1-55 ABS板2

（五）KT板

KT板是一种由PS颗粒经过发泡生成板芯，经过表面覆膜压合而成的一种新型材料。KT板尺寸规格从0.9 m到1.2 m宽都有，一般是2.4 m长，5 mm厚。KT板常用的板芯颜色有白色（图2-1-56）和黑色（图2-1-57），也有全彩的KT板，如红色、蓝色、黄色、绿色等多种颜色（图2-1-58）。KT板板体挺括、轻盈、不易变质、易于加工，并可直接在板上丝网印刷、油漆、裱覆背胶画面及喷绘，广泛用于建筑模型和家具模型制作当中（图2-1-59）。

 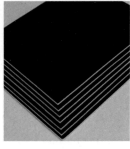  

图2-1-56　白色KT板　　图2-1-57　黑色KT板　　图2-1-58　彩色KT板　　图2-1-59　KT板在建筑模型中的应用

（六）纤维板

纤维板又名密度板，是以木质纤维或其他植物素纤维为原料，施加脲醛树脂或其他适用的胶黏剂制成的人造板。纤维板生产是木材资源综合利用的有效途径。它的规格尺寸（长×宽）为2440 mm×1220 mm，厚度为3～30 mm。纤维板常用的颜色有仿原木色（图2-1-60），也有红色、蓝色、黄色、绿色等多种颜色（图2-1-61）。纤维板具有材质均匀、纵横强度差小、不易开裂等优点，用途广泛；缺点是背面有网纹，造成板材两面表面积不等，吸湿后因产生膨胀力差异容易使板材翘曲变形。在模型制作中常用作底座、建筑墙体、隔板等（图2-1-62）。

 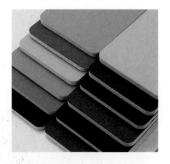 

图2-1-60　仿原木纤维板　　　图2-1-61　彩色纤维板　　　图2-1-62　纤维板在模型中的应用

（七）PVC板

PVC板，又称雪弗板、弗龙板，是一种使用PVC（聚氯乙烯）为主要材料挤压成型的板材。这种板材表面光滑平整，截面呈蜂窝状纹理，质量轻，强度高，耐候性好，密度高，可钻，可锯，可刨，可粘，易于加工。可以部分替代木材、钢材，适合雕刻、转孔、喷漆、黏合等多种工艺，因此成为模型制作中较广泛应用的一种材料。PVC板通常又分为硬PVC板、软PVC板和PVC透明板。

硬PVC板是较理想的模型材料，常用来做结构演示模型、仿真模型、产品模型样机等，它的柔韧性好、易成型，白色、不透明，也不含柔软剂（这是硬PVC板和软PVC板最本质的区别）。它的弯曲性强，特别好加工，一般用普通的小裁刀就可以进行剪裁，粘贴性也较好。在模型制作中，常用来做一些有弧度的造型构件，如圆弧阳台、旋转楼梯、雨棚。缺点是材质的结构密度不高，在进行烘烤压模时要严格控制好烘软的时间和程度；在进行表面喷漆时效果也不够细腻。硬PVC板常用的厚度有0.5 mm、1 mm，以及2～5 mm（图2-1-63）。

软PVC板中含有柔软剂，较脆弱，不容易保存。它柔软、耐寒、耐磨、耐腐蚀、耐酸碱、抗撕裂性强；表面有光泽，柔软，有白色、灰色、绿色、棕色等多种颜色可供选择；最大宽度一般为1300 mm，厚度为1～10 mm（图2-1-64）。

PVC透明板是一种具有高强度、高透明度的塑料板材，是选用高级进口原辅料生产的，有高强度、高透明度、无毒、环保卫生的优良特性，物理特性优于有机玻璃，厚度为2～20 mm，最大宽度为100 m（图2-1-65）。

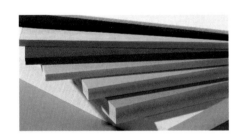

图2-1-63　硬PVC板

图2-1-64　软PVC板

图2-1-65　PVC透明板

（八）聚苯乙烯板

聚苯乙烯板是由可发性聚苯乙烯珠粒经加热预发泡后在模具中加热成型而制得的具有闭孔结构的聚苯乙烯泡沫塑料板材，简称为"EPS板""泡沫聚苯板""泡沫板"（图2-1-66）。聚苯乙烯板属于保温板材，是以聚苯乙烯树脂等为原材料制作而成的一种泡沫板材。它具有抗冲击力好、密度小、防渗透性好、保温隔热性能好、价格低廉、易加工等优点，但是承重能力等不足。在模型制作中常用于地形模型或者研究性建筑模型中。

图2-1-66　聚苯乙烯板

（九）有机玻璃板

有机玻璃板，又叫亚克力板或PMMA板，它的耐酸碱性能好，不会因长年累月的日晒雨淋，而产生泛黄及水解的现象；透光性佳，可达92%以上，所需的灯光强度较小，节省电能。抗冲击力强，是普通玻璃的16倍；色彩艳丽、高亮度，是其他材料不能媲美的；可塑性强，造型变化大，加工成型容易；自重轻，比普通玻璃轻一半，建筑物及支架承受的负荷小；可回收率高，为日渐加强的环保意识所认同；维护方便，易清洁，雨水可自然清洁，或用肥皂和软布擦洗即可。

有机玻璃板的规格厚度有1 mm、2 mm、3 mm、4 mm、5 mm、8 mm几种（图2-1-67），常用的尺寸为1~3 mm。再厚点的有机玻璃板一般会用来做有机玻璃罩（图2-1-68）。有透明的，也有各种各样的彩色有机玻璃板（图2-1-69）。基于有机玻璃板的以上优质特性，在建筑模型制作中，特别适合用来表达建筑的墙面、台阶、底盘、屋顶和水面效果。虽然有机玻璃板的成本价格高，但制作出来的模型效果漂亮，且易长期保存，因此特别适合制作一些高档模型（图2-1-70）。

图2-1-67　有机玻璃板1

图2-1-68　有机玻璃板2

图2-1-69　色彩的有机玻璃板

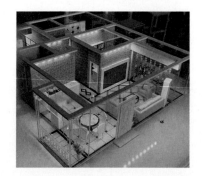

图2-1-70　有机玻璃板在建筑模型上的应用

（十）玻璃板

琉璃板是将环氧树脂和金属制成的涂层经过热压后，完全密封于两片玻璃之间的一款玻璃材质的板材。带有各式各样精美图案的玻璃板再搭配玻璃的透明度，极具装饰效果；透明度高，可定制不同规格的弧形玻璃，弧度可达20 cm；安全性强；有抗菌效果，并且易于清洁，是高度卫生的材料；经测试有很强的抗冲击性；材料表面高度防滑；耐高温，防火性能好，防火性能达到B1级；防水性强；是一种完全可回收的环保材料；表面经过处理，耐摩擦和耐腐蚀性能强。一般规格厚度为0.5～3 mm（图2-1-71），为了防止运输过程中刮花玻璃面体，刚购买回来的玻璃板材表面还会附有一层牛皮纸保护膜或者乳白保护膜（图2-1-72）。玻璃板材通常分为透明和不透明两种。在模型制作中透明玻璃板可用来制作建筑物玻璃墙体、窗户等需采光的物体，不透明玻璃板可用来制作建筑模型的主体部分（图2-1-73）。

图2-1-71　玻璃板的厚度规格

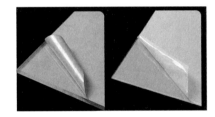

图2-1-72　玻璃板上的保护膜

图2-1-73　玻璃板在建筑模型上的应用

三、其他材料

（一）金属材料

金属材料是指金属元素或以金属元素为主构成的具有金属特性的材料的统称，通常分为黑色金属、有色金属和特种金属材料（图2-1-74）。在模型制作中金属应用的不多，但由于它光滑、坚硬的质感、厚重的体量，在一些模型支撑构件或者局部的连接部件上也是不可或缺的元素（图2-1-75、图2-1-76）。

图2-1-74　金属材料

图2-1-75　金属材料在建筑模型上的应用

图2-1-76　金属材料在模型中的应用

（二）石膏材料

石膏是在地壳中发现的一种矿物，呈无色透明或白色，有时因含杂质而染成灰黄、红等色，遇水干燥后可成为块状固体，且质地轻而硬（图2-1-77）。石膏可以用来塑造各种物体的造型，我们只需要固定框架并填充接缝即可，整个过程干净、简单、快捷，对同一物体可以进行多次制作。另外，在模型制作中，还可以与其他材料混合在一起使用，再通过喷绘上色，最终达到各种质感效果。缺点是干燥时间较长，易破碎，表面不够光滑，略粗糙（图2-1-78）。

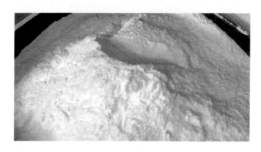

图2-1-77　石膏材料

图2-1-78　石膏材料在建筑模型上的应用

（三）黏土材料

黏土是含沙粒很少、有黏性的土壤，加水混合后形成泥团（图2-1-79），然后结合它的黏性可以捏成各种模型造型。在模型制作中常被用作建筑周边环境配景材料。在塑造过程中，可以随时根据造型需要填充，消减，有很强的可塑性，特别适合用于模型研究阶段的制作（图2-1-80）。

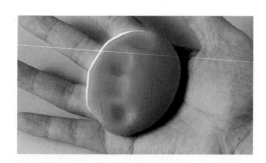

图2-1-79　黏土

图2-1-80　黏土制作造型

纸黏土是黏土的一种，由纸浆、纤维束、胶、水混合而成。它的颜色较多（图2-1-81），不黏手，柔软性好（图2-1-82），可快速把构思表达的造型主体以雕塑的手法塑造出来，风干后较轻。很多家具模型、山顶的地形、景观小品、人物、动物都是用黏土做出来的（图2-1-83）。缺点是收缩率较大，在模型制作过程中，要避免尺寸上的误差。

图2-1-81　纸黏土

图2-1-82　黏土的柔软性

图2-1-83　黏土在模型中的人物造型

（四）树粉、草粉材料

树粉大多以碎海绵为原料，有不同的颜色，主要用于树叶的制作（图2-1-84）。草粉是粉末颗粒状，色彩也很多，可以根据设计需要进行调和，制作出丰富的绿化效果（图2-1-85）。树粉、草粉材料在模型制作中多用于树木和草地的制作，如沙滩、山地绿化、树木的制作，制作出来的树木、草坪、花坛仿真度极高（图2-1-86）。在制作过程中，还可以用剪刀等工具重复修剪出理想的造型，最后还可用颜料上色，而且价格低廉，因此在模型制作中被广泛使用（图2-1-87）。

图2-1-84　树粉

图2-1-85　草粉

图2-1-86　树粉在模型中的应用

图2-1-87　草粉在模型中的应用

（五）天然材料

在进行模型制作中，有时候需要一些大自然中的天然原生材料，如干莲蓬（图2-1-88）、干松果（图2-1-89）、落叶、鹅卵石、干树枝、干花等（图2-1-90）。再根据设计需要，对这些天然材料进行涂色、表面的二次装饰、修剪等，最终达到模型设计中需要的理想效果（图2-1-91）。

图2-1-88　干莲蓬　　　　　　　　　　图2-1-89　干松果

图2-1-90　干花　　　　　图2-1-91　天然材料在设计中的应用

（六）黏合剂材料

1. 白乳胶

白乳胶为白色黏稠液体，是用途广、用量大、历史悠久的水溶性胶黏剂之一。白乳胶可常温固化，并且具有固化较快、黏结强度较高，黏结层韧性和耐久性较好且不易老化的特点，在模型制作中操作简单（图2-1-92）。

2. 双面胶

双面胶是由纸、布和塑料薄膜，然后再加入胶黏剂组合而成的，成带状。根据双面胶胶黏剂的黏性可以分为油性双面胶、水性双面胶、热熔型胶粘带以及反应型胶粘带（图2-1-93）。双面胶在模型制作中一般广泛用在纸类和KT板类的黏结上，效果显著。

3. 502胶

502胶是一种无色透明的化学液体胶水，有一定的刺鼻味道，具有较强的黏合力，有快速凝固的特点，还有无孔不入之功能，使用起来方便快捷。因此，深受广大模型设计制作者的欢迎，但在制作使用中一定要注意它的易挥发性，用完后应及时封好瓶口放置于冰箱内保存（图2-1-94）。

4. UHU胶

UHU胶不同于常用的固体胶、液体胶或白胶，它是一款多功能胶水（图2-1-95），能解决各式修缮黏着问题。在模型制作过程中能应对各种材质的黏合，如塑料、金属、布料、皮革、木材、陶瓷，并可应付高、低温、紫外线、风化、湿气等特殊环境。

图2-1-92　白乳胶　　　图2-1-93　双面胶　　　图2-1-94　502胶　　　图2-1-95　UHU胶

5. 4115建筑胶

4115建筑胶是由醋酸乙烯在甲醇中聚合而得的聚醋酸乙烯、滑石粉、轻质碳酸钙、石棉粉等配制而成，黏合强度很高。在模型制作中可以黏合那些材料复杂的黏合面，但这种胶有一定的毒性，使用时记得戴口罩进行防护（图2-1-96）。

6. 热熔胶

热熔胶为乳白色棒状（图2-1-97），在常温下是固体状，使用时，需用专用热熔喷枪（图2-1-98）或喷雾器加热融化后进行黏结（图2-1-99），它黏结速度快，无毒、无味，黏结性特别强。

图2-1-96　4115建筑胶　　　图2-1-97　热熔胶　　　图2-1-98　热熔枪　　　图2-1-99　热熔胶
通过热熔枪加热使用

（七）废弃物材料

日常生活中的一些陈旧、闲置，或废弃的东西，可回收作为制作模型的材料资源。我们一定要有双善于发现美的眼睛，把这些生活中的废弃物材料通过设计构思和重组，让它们成为模型设计中的重要元素（图2-1-100）。

图2-1-100　废弃物材料在模型设计中的应用

课后思考

1.从模型制作的角度列举出模型材料的分类方式。

2.总结出每种模型材料的特点与用途有哪些。

3.在具体的模型制作中，材料的选择和使用技巧是什么？

第二节　模型制作工具

所谓"巧妇难为无米之炊"，在模型制作中，要想提高模型设计的工作效率，达到理想、高品质的模型效果，必须认识并会熟练使用各种类型的工具。本节将以测绘工具，剪裁、切割工具，打磨、喷绘工具，钻孔工具，清洁工具这五大类为例带大家认识模型制作中的常用工具。

一、测绘工具

测绘工具直接影响和决定着模型制作的精确度。

（一）三棱比例尺

三棱比例尺的形状是一个三棱柱，故称三棱比例尺，是测量、换算图纸比例尺度的主要工具，同时也是按比例绘图和下料画线时不可缺少的工具。三棱比例尺是比例尺的一种形式，比例尺上的数字以米为单位。三棱比例尺也能作定位尺，在对稍厚的弹性板材作60°斜切时非常有用（图2-2-1）。

（二）直尺、三角板、丁字尺

直尺是指具有精确直线棱边的尺形量规。在模型制作中是测量尺寸、画直线和绘制图纸时必备的工具，有有机玻璃（图2-2-2）和不锈钢（图2-2-3）两种材质，在具体使用过程中，有机玻璃材质的直尺在切割材料时容易被刀具损伤，因此多数时候会选择不锈钢直尺。常用的规格有300 mm、500 mm、1000 mm和1200 mm四种。

三角板有两种，一种是等腰直角三角板，另一种是直角三角板，是用于测量、绘制垂直线、平行线、直角与任意角的工具（图2-2-4）。

丁字尺，造型像一个"丁"字形，又称T形尺，由互相垂直的尺头和尺身构成，在模型设计制作中绘制图纸时配合绘图板使用。丁字尺多用木料或塑料制成，一般有450 mm、600 mm、900 mm、1200 mm四种规格（图2-2-5）。

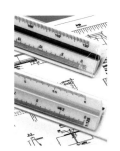　　

图2-2-1　三棱比例尺　　　图2-2-2　有机玻璃直尺　　　图2-2-3　不锈钢直尺

图2-2-4　三角板　　　　图2-2-5　丁字尺

（三）曲尺、卷尺、蛇尺

曲尺也称角尺，俗称拐尺，是绘制平行线、垂直线和直角的工具，多为一边长一边短的直角尺，是用于测量90°角的专用工具，以不锈钢管材质为主（图2-2-6）。

卷尺主要用于测量长度较长的物体（图2-2-7）。

蛇尺，是一种在可塑性很强的材料中间加进柔性金属芯条制成的软体尺，造型像蛇，又称蛇形尺、自由曲线尺，一般有300 mm、600 mm、900 mm三种规格（图2-2-8）。

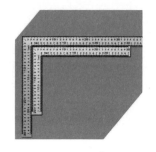

图2-2-6 曲尺

图2-2-7 卷尺

图2-2-8 蛇尺

（四）游标卡尺

游标卡尺由主尺和附在主尺上能滑动的游标两部分构成，是一种测量加工物体长度、内外径、深度的量具。以毫米为单位，一般有150 mm、200 mm和300 mm三种规格（图2-2-9）。

（五）圆规

圆规是用来画圆及圆弧的工具，是模型制作中必不可少的工具。具体操作是用尺子量出圆规两脚之间的距离，作为半径；把带有针的一端固定在一个地方，作为圆心；把带有铅笔的一端旋转一周即可成圆形（图2-2-10）。

（六）模板

模板在模型设计制作中也是一种测量、绘图的工具，主要是用来画各种标准符号和图例的一种模板尺。有家具模板、圆形模板、曲线模板、建筑模板等，自带有一定的比例，只要表达的图跟模板尺一样，即可直接套用，很方便、高效，提高了绘图的质量和效率（图2-2-11）。

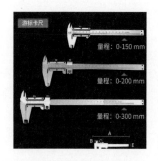
图2-2-9 游标卡尺

图2-2-10 圆规

图2-2-11 模板

二、剪裁、切割工具

在模型制作中，每个模型的构件成型都离不开剪裁和切割，不同的材料要使用不同的剪裁、切割工具。

（一）钩刀

钩刀，刀片呈回钩形（图2-2-12）。有单刃、双刃、平刃三种，刃长30～50 cm，在模型制作中主要用来切割防火板、有机玻璃（图2-2-13）和塑料类板材（图2-2-14）。

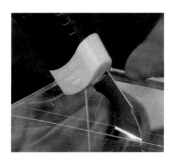

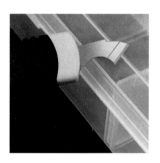

图2-2-12　钩刀　　　　　　　图2-2-13　钩刀切割玻璃　　　　　图2-2-14　钩刀切割塑料

（二）剪刀、壁纸刀、手术刀

剪刀是用来剪裁各种材料的常用工具，一般分为大、中、小三种规格（图2-2-15）。

壁纸刀又称为美工刀。在模型制作中是切割卡纸、吹塑纸、各种薄型板材必需的工具（图2-2-16）。

手术刀在模型制作中主要起切割的作用，很锋利，广泛应用于不同厚度、材质的板材及细部的处理（图2-2-17）。

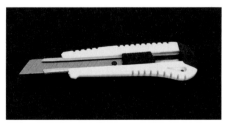

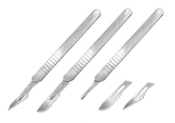

图2-2-15　剪刀　　　　　　　图2-2-16　壁纸刀　　　　　　　图2-2-17　手术刀

（三）45°斜切刀

45°斜切刀，顾名思义是用来切割45℃斜面的一种专用工具，切割厚度一般不超过5 mm，主要用于纸板类、ABS板、聚苯乙烯类等材料的切割（图2-2-18）。

（四）木刻刀

木刻刀的种类特别多，在模型制作中，用的最多的是平口刀和斜口刀两种，主要用来切割或刻薄型的塑料板材（图2-2-19）。

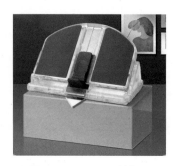

图2-2-18　45°斜切刀　　　　　　　图2-2-19　木刻刀

（五）手锯、电动手据

手锯是用来切割木质材料的专用工具，俗称刀锯。有不同长度和不同粗细的锯片，在模型制作中要根据模型设计的需要来选择类型（图2-2-20）。

电动手据是用于切割不同复杂材质的电动切割工具，适用范围比手锯广，切割速度快，是粗加工过程中的一种主要切割工具（图2-2-21）。

（六）电动曲线锯

电动曲线锯是锯的一种，在模型制作中可在木材、金属、塑料、橡胶、皮革等板材上按曲线进行锯切的一种电动往复锯（图2-2-22）。

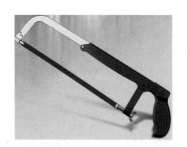

图2-2-20　手锯　　　　　图2-2-21　电动手锯　　　　　图2-2-22　电动曲线锯

（七）电脑雕刻机

电脑雕刻机即用电脑控制的雕刻机，也可叫作电脑数控雕刻机。在模型制作中能控制雕刻机雕刻木材、石材、密度板等板材，是目前模型制作中较先进的设备（图2-2-23）。

（八）台式电锯

台式电锯一般会自带卡具，加工出来的产品构件比较规整，比人工加工的要干净，加工起来也比较省时省力（图2-2-24）。

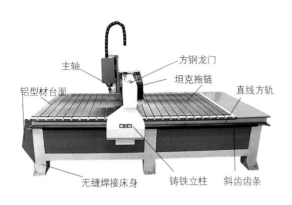

主轴
方钢龙门
坦克拖链
直线方轨
铝型材台面
无缝焊接床身
铸铁立柱
斜齿齿条

图2-2-23　电脑雕刻机

图2-2-24　台式电锯

三、打磨、喷绘工具

（一）砂纸、打磨机

砂纸有木砂纸和水砂纸之分，根据砂粒数目又可分为多种粗细不同的规格，适用于不同材质、不同形式的打磨。

打磨机是一种电动打磨工具，打磨面积大，操作更方便，打磨速度更快，适合材料平面的打磨和抛光（图2-2-25）。

图2-2-25　打磨机

（二）锉刀、木工刨

锉刀是一种比较常见，也是使用很广泛的打磨工具，形状和规格有很多种，在模型制作中常用到的有板锉、圆锉和三角锉（图2-2-26）。

木工刨，构造比较简单，由刨身和刨刀两部分组成。木工刨主要用于木质材料和塑料材料的平面和直线的切削、打磨，而且可灵活调整刨刃露出的多少，改变物体切削和打磨的厚度，在模型制作中是一种广泛应用的打磨工具（图2-2-27）。

图2-2-26　锉刀

图2-2-27　木工刨

（三）砂轮机

砂轮机用来磨削和修整金属、塑料部件等复杂材料的毛坯和锐边。型号和规格较多，在模型制作中使用时，要根据磨削的材料种类及需要加工的精细度来选择。它的噪声小，速度快，加工精度高，是一种比较理想的电动打磨工具（图2-2-28）。

（四）喷笔

喷笔是一种精密仪器，能制造出十分细致的线条和柔软渐变的效果。在模型制作中，喷笔可以根据模型设计需要在模型表面上制作出均匀的色调和色彩的层次效果（图2-2-29）。

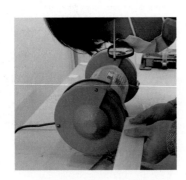

图2-2-28　砂轮机

图2-2-29　喷笔

四、钻孔工具

（一）手摇钻

手摇钻是一种较常用的钻孔工具，尤其适合质感较脆的材料（图2-2-30）。

（二）手提电钻

手提电钻适用范围较广，可以在各种材料上钻出1~6mm的小孔，体型小巧，携带方便（图2-2-31）。

（三）钻床

钻床有台式钻床、摇臂钻床、立式钻床，不同样式的钻床适合在不同材料上钻直径和深度不同的孔（图2-2-32）。

图2-2-30　手摇钻

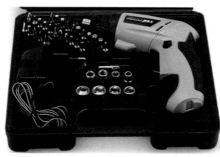

图2-2-31　手提电钻

图2-2-32　钻床

五、清洁工具

在模型制作过程中会有一些灰尘和碎屑落在模型上，我们需要用毛笔、板刷、吹风机等工具进行清洁。

课后思考

1.模型制作中的常用工具有哪些？

2.罗列在模型制作中常见的制作工具及其特点。

3.模型制作工具在模型制作中的应用领域有哪些？

思考与练习

1.通过实地考察+网络调研对模型制作的各类材料进行梳理和分类，并对其特点和用途进行总结。

2.选择经典建筑模型案例进行赏析并对其材料表现特点、制作工具的应用给予分析。

第三章　模型表现类型与制作技巧

教学目标： 通过本章的学习，让学生对模型表现的类型有一个全面且深刻的认识，掌握不同类型模型的特征及表现形式；分析几种常规模型的制作方法，掌握纸板、木材、有机玻璃板及ABS板等模型材料的制作工艺与加工方法，为后期具体的模型设计与制作实践提供方向。

教学重点： 模型表现类型。

教学难点： 模型的制作工艺及技法。

第一节　地形模型

　　地形模型通常在设计项目初期开始制作，用于详细分析建筑及规划的尺度关系与地形环境变化。它要求表现出对建筑设计有影响的地形特点，并详细分析建筑与周围环境之间的关系。如现存的周边建筑、周围路网及景观绿化，通常要求计划项目不能影响现有建筑。地形模型就如一块"底板"一样承接将要设计的建筑。在制作中，等高线是通过层层夹层材料黏合而成的，一般常用的材料有软木模型板、泡沫板、木质胶合板以及各种纤维板和有机玻璃等。这些材料都具有便于切割、容易组装的特点。地形模型能准确地表现出模型基地的特点，较好地体现出基地现有的自然状态，包括人工城市空间的描绘和自然环境的描绘。模型主要表现的内容有山地、河流、交通网、绿化、水平面和城市规划现状，以及断层面。地形模型所表现的面积较大，一般采用1：500～1：2500的比例制作而成。地形模型主要强调比例对环境以及已存物体的描述。地形模型在制作中以平面的或是倾斜面的形式呈现，在整个模型的制作阶段，地形模型要呈现出设计模型的各阶段，因此，地形模型必须是准确的。

　　在地形模型中，坡地、山地是最常见的，主要用来表现地势的起伏和变化（图3-1-1）。常用的制作方法有层叠法、堆砌法和拼削法。

　　例如，层叠法就是层层叠叠，按模型比例选用与等高线高度相同厚度的材料，裁出每层等高线的平面形状，叠加胶好（图3-1-2）。有的模型制作山地时选用的是泡沫板，泡沫板的厚度有多重规格，易于黏合，分量较轻，但泡沫板的密度较低，不能承载过重的模型。有的会采用木板进行坡地的制作，木板容易切割且具有天然的纹理，在进行选材时应注重纹理走向的一致性。木板的承重性效果较好，硬度较强，在制作时可以采用中空的效果以减轻其分量，有的也会采用塑胶板。

图3-1-1　山地模型

图3-1-2　层叠法地形模型

课后思考

1.地形模型常用的制作方法有哪些？并分析其特征。

2.搜集层叠法地形模型制作实例，并分析其选材、制作技法及艺术特征。

第二节　城市规划与园林景观模型

一、城市规划模型

　　城市规划模型基本上是以地形模型为基础来制作的，是对整体城市或城市布局空间的未来发展做出的计划和安排。通过模型来进行充分的立体展示，可以表现出城市的建筑群落、道路管网、城市节点等一系列问题。城市规划模型所表现的空间很大，多采用1：500～1：1000的比例进行制作；模型表现手法多以切块模型为主，用抽象的切块来代替建筑群落；模型的制作讲求整体空间效果而不拘泥于小细节的刻画。城市规划模型的体量极大，表现出城市交通体系的整体关系，同时表现出城市绿地、居住区、城市公园等要素，采用体块化的概念表现方式，对不同功能的建筑用分色的处理手法来表现（图3-2-1）。

图3-2-1　城市规划模型

二、园林景观模型

园林景观模型是近些年在城市建设和房地产项目中被大量采用的展示方式。它主要通过模型表现出设计方案中景观用地的交通、绿化、水体、树木、公共设施、地面铺装、边缘空间等，建筑主体和建筑群则是以简单的形式表现。园林景观模型的重点是阐明规划景观空间中，如树木草坪、断层面和景观节点中特定建筑物的造型，园林景观模型中的住宅区可以是用抽象手法表现的建筑。在园林景观模型中，要对景观花园、停车设施和节点风景区进行设计表现。从地形模型衍生出来的园林景观模型常用的比例有1：500、1：1000、1：2500。景观设计模型要求表现精确，是对空间形式、空间关联性和空间大小的一种说明，同时也是对空间状况、绿化形式和现存地貌，以及被设计出来的建筑物的具体明确的说明（图3-2-2）。

图3-2-2　园林景观模型

三、花园模型

花园模型主要包括住宅区景观、私人别墅庭院、城市广场、城市花园、城市湿地，以及小型建筑、喷泉设施、纪念碑、眺望台等。花园模型重点塑造绿化、水体、道路、小广场、篱笆和围墙的造型。花园模型作为园林景观模型的一部分，常用的比例有1：50、1：100、1：200和1：500。花园模型注重地形和地面的表现，道路和空间的变化关系，通过逼真的材质来呈现效果，精确地表达与园林艺术有关的交通、绿化和水面，并对建筑主体和个别物体（如喷泉、假山、公共设施）进行重点处理，同时应详细刻画不同树种的造型与颜色特点。水体的自然形态在灯光的映衬下显得格外生动。在植物树种的表现上，也要颇费心思，植物的形态与色彩都要进行精心处理，使色彩搭配和谐统一（图3-2-3、图3-2-4）。

图3-2-3　花园模型1

图3-2-4　花园模型2

四、展示照明模型

展示照明模型是模型的一种特殊类型，用来预测城市夜景照明规划、艺术展览与博物馆、商业展示等这类对光线照明效果较敏感的空间，通常采取自然光与人工照明相结合的效果，以便准确预测室内外的光环境气氛。展示照明模型需要用精心的细部表现、色彩的运用及表面效果的处理，再结合周围环境，将自身的一切都完整地表现出来（图3-2-5）。展示照明模型最初的目的是商业运作，而不是设计决策，比起其他类型的模型，它注重的是外形和环境的展示，有较强的视觉冲击力和艺术感染力（图3-2-6）。展示照明模型多以1∶50、1∶100、1∶200、1∶500的比例进行制作。

图3-2-5　展示照明模型1

图3-2-6　展示照明模型2

展示照明模型所用的材料主要为光导纤维，光导纤维在建筑与环境设计模型中的应用主要有四个方面：

① 用于建筑物内部的灯光显示。模型大多采用内发光的照明效果进行表现，灯光的处理很好地反映出模型的外立面变化效果，增强了模型的展示效果，突出了商业模型的销售氛围（图3-2-7）。

② 用于环境水面和草坪绿地的大面积夜景照明显示。模型用灯光的形式划分整体空间区域，增强了模型的空间立体感。同时很好地体现出城市规划在夜景中的灯光效果，这样的处理手法使模型的表现更生动直观。

③ 用于道路两侧与广场周边的灯饰照明显示。

④ 用于模型中建筑屋顶与沿街橱窗广告灯箱的显示。一些模型所表现的是商业建筑的夜景照明，商业建筑一般需要靠灯光的色彩对比来营造商业气氛。模型用灯光勾勒出建筑的外形，对建筑的户外广告部分进行表现，同时配以鲜艳的绿、橙、红、蓝等颜色的灯光来表现室外的LED照明灯的效果；对广场中心的景观雕塑和水体中的喷泉进行灯光照明设计，周围的整体环境对商业建筑的整体氛围起到衬托作用。

图3-2-7　商业建筑灯光模型

课后思考

1.列举城市规划与园林景观模型的类别与特征。

2.分析园林景观模型的特征与用途，并搜集相关模型制作实例。

3.分析花园模型的特征与用途，并搜集相关模型制作实例。

第三节 建筑单体模型

建筑单体模型分为建筑外延模型、建筑构造模型和建筑细部模型。在对建筑主体空间、造型和构造内涵理解的前提下，建筑单体模型的制作可以从以下几点考虑：其一，建筑单体与基地模型的统一性（图3-3-1）。建筑单体一定要和周围环境相一致，周围环境如绿地、商业区等都对主体建筑起到衬托作用。其二，除了现存的建筑体外，还需要阐明周边的交通状态和开发状况，在某种意义上是围绕建筑主体的周边环境的开发而展开的。其三，在形式上注意形象的表现和主体的结合以及空间形式、空间大小和空间次序，结合材质、表面和颜色来体现建筑主体，并解决模型外部环境的视觉观察点和空间关系（图3-3-2）。在功能上注意建筑主体和空间的排列及增补，结合外部和内部的开发提高模型的利用价值。

图3-3-1 建筑单体模型

图3-3-2 建筑单体夜景模型

一、建筑外延模型

建筑外延模型旨在表现建筑主要的外观设计元素和屋顶的造型变化、建筑主体的材质变化及基地和现存建筑的关系。我们可以用透明材料将建筑外观部分空间以透明的方式表现，让观察者通过外墙结构来观察室内的空间变化。建筑的屋顶可以被拆解，能够使观察者从俯视的角度观察室内的空间构造。建筑的外延要尽可能反映实际施工的材料，建筑单体模型在制作时应着重表现建筑材质的肌理、色彩对比以及建筑主体与群楼之间的关系。作为以展示效果为目的的模型，应注重它的逼真程度。因为模型将给人以直观的指导，制作者不能根据主观臆断进行夸张的艺术化处理。

建筑外延模型真实地反映出建筑设计创作的自由性和组成的易变性，它以简单的方式和多变的材质呈现出造型和空间的效果，即建筑外立面的形式、材质、朝向、位置、颜色和表面的肌理。建筑外延模型的比例以1∶200或1∶500为主。如果建筑单体体积较小，则会采用1∶50~1∶200的比例对建筑物进行描述，通常不包括周边的环境。

建筑物单体模型主要研究细节不同的设计图之间空间造型的关系，不同设计图之间的空间及与此相符的结构和组织的问题；表现建筑外立面的形式变化、建设方法、实施顺序等；较清楚地阐述建筑物内部结构和外部造型之间的关联性，使其在模型中达到最完美的境地；讨论建筑外部的大致形式，主要是外观和屋顶的具体形式，如对屋顶坡度、立面划分方法、外观变化和屋顶造型的相关元素进行表现。建筑外延模型所呈现的最后建筑方案大体上都是为了展览目的而制作的，除了呈现出对地形地貌条件精确的描述外，还要注重与周围环境的配套（图3-3-3、图3-3-4）。

图3-3-3　建筑外延模型1

图3-3-4　建筑外延模型2

二、建筑构造模型

　　建筑构造模型是专门用来研究建筑整体结构或建筑某局部的空间框架或结构的模型。目的是将建筑或内部空间的结构"解剖"开来，解决设计过程中出现的结构难题。例如，梁与柱的确切位置、负荷与承重、结构之间的衔接以及其他技术参数。

　　建筑构造模型的作用是作为三维的实体工作图，主要表现其内在结构的支撑骨架而不进行建筑表面的装饰，将其结构暴露出来是为了用来推敲和分析结构、构造、支撑系统和装配形式。在整个设计过程中，构造模型可制作成各种比例，通常以1：50或1：200较多。构造模型主要是根据模型解决功能上和结构上的困难。构造模型通常以地形模型为基础，以地形模型为底板来推敲结构形式，或是依据建筑模型而制成。构造模型对结构空间的连续性和功能性进行分析，帮助设计者在设计草图开始阶段清晰地阐明复杂的空间概念，快速、简单地表现出结构空间的可变性。这些模型代表的是基本的构思，同时决定了结构造型。结构模型通常要展现出建筑实施后结构的最终状态，注重详情和细节问题的解决。建筑结构模型多为了展览和交流的目的而制作（图3-3-5）。

图3-3-5　建筑构造模型

三、建筑细部模型

建筑细部模型主要为解决结构和形式的问题而制作，同时重点分析建筑设计细节中的颜色、形式以及材料选择等问题。细部模型的主要范围涵盖结构的交点及其连接方式、建筑内外空间连接和外立面局部细节变化、室内空间装饰造型和饰品摆设。设计师可以依据细部模型对空间内特别复杂的节点和细节进行设计并详细地表现。这种细节的表现既可以针对建筑构造，也可涉及室内装饰，通过细部模型的制作手法对表面材质运用、颜色对比、结构变化以及构造点连接等进行表现。室内空间的细部模型可以清楚地表现室内装饰、家居配饰、色彩对比等一系列的设计细节问题。可以说，模型的制作比设计图纸的表现更加直观，更为形象。细部模型以非常精准的技术手段来加工制作，主要是为了解决设计深化阶段的实际施工问题。模型设计以方案思考为基础，以解决现实问题为手段。细部模型的常用比例为1：1～1：10之间（图3-3-6）。

图3-3-6　建筑细部模型

课后思考

1.列举建筑单体模型的类别与制作要点。

2.通过模型实例罗列建筑外延模型的用途与优点。

3.通过模型实例剖析建筑构造模型的特点与制作方法。

第四节 室内剖面模型

室内剖面模型有较强的功能性、直观性和趣味性，往往比较生动、逼真，通常是在房地产销售中用来指导销售不同的户型时使用。

随着我国房地产销售及展示的需要，室内剖面模型日益显示出其不可替代的表现力。它不仅是室内设计师用于构思创造空间的辅助设计手段，在设计产品的销售推广上，更是比单纯图纸更具体、生动、写实的表现工具（图3-4-1）。

图3-4-1 室内横向剖面模型

一、室内剖面模型的类型

室内剖面模型的制作比例一般都比较大，适合于家具制作和装饰、装修表现，分为横剖和纵剖模型。模型的横剖，是指从建筑的横断面即一般门窗的位置切开，用于表现室内房间的朝向、位置、关系、空间格局以及展示不同空间的使用功能和装饰气氛；纵剖是指从建筑的竖向切断，剖切位置包括交通枢纽（楼梯、电梯空间）和空间竖向变化丰富的部位，用于表现室内的纵向格局、不同楼层的功能分区、交通连接方式、空间立体变化等（图3-4-2）。

图3-4-2 室内竖向剖面模型

二、室内剖面模型的制作步骤

1. 建筑内、外墙体制作

根据设计图纸，利用材料的不同厚度，按制作比例要求搭建室内格局。墙体下料要方正，切刮处要打磨平整，黏结墙体时接缝要细腻，胶痕应隐蔽，需要时用原子灰修补，细砂纸打磨。室内外墙体构筑完成以后，外墙同建筑主体模型一样做色彩及质感处理，增添建筑外观的细部装饰；内墙根据室内设计对墙体、地面、地脚做装饰，在墙面喷涂墙漆或粘贴壁纸，地面可做石材、木地板、地砖、地毯等，地脚随同地面做相应处理（图3-4-3）。

图3-4-3　墙体制作与整理

最后要提的是，许多舞台艺术，如室内情景喜剧（小品），因其幽默、贴近生活、成本低等特点很受市场欢迎，其拍摄用的场景其实就是一个大的室内剖面模型，属于舞台美术的重要分支。

2. 室内家具制作

室内家具风格要同物业的档次、销售对象及室内设计整体构思相匹配，制作人员要多了解国内外家具业的发展趋势，掌握时尚家具的流行款式，并根据不同房间的使用需求来配备。制作时要注意模型比例和家具尺寸，配置时要力求具有典型代表性，精炼而不繁杂，使空间在合理利用的同时显得宽敞而舒适，而不是拥挤而狭小。制作室内家具的材料品种很多，如ABS板、石膏、有机玻璃、纸板、布艺、聚苯板、木板。在工艺上因材制宜、形式多样，可用电脑雕刻机制作出各式图案的构件并黏结成各式椅子、桌子、柜子、床等，也可将翻模技术与热加工技术相结合，制作造型特殊、具有曲面的配件，如浴缸、洗脸盆、马桶、沙发、电视、冰箱。最后，各种家具及配件均要经喷漆处理，以达到仿真效果（图3-4-4）。

3. 室内装饰品制作

一个优秀、生动的室内模型除了要正确地表现室内外墙体构造装修、室内家具布置之外，还需要室内配饰来做点睛处理（图3-4-5）。

图3-4-4 室内家具模型

图3-4-5 萨伏伊别墅室内装饰品模型

室内装饰品是多种多样的，根据模型制作者的审美情趣和文化品位的不同而丰富多彩。常见的室内装饰品有绿植，花卉，装饰画，雕塑，陶艺，灯具，装饰布艺（如沙发靠背、床上用品、椅垫），壁挂，家用电器（如电视、洗衣机、冰箱、电脑、空调），书籍等（图3-4-6）。

它们的做法和所用材料丰富多样、各有不同，但也是由模型制作的基本技法演变而来的。装饰品的制作更要求制作者具有丰富的想象力与创造力，要注意在平时多积累素材，学习现实中优秀的室内陈设，不断提高自身的审美能力与设计素养（图3-4-7）。

图3-4-6　室内装饰品模型

图3-4-7　"色白花青"展示空间装饰品模型

课后思考

1.建筑内、外墙体制作的注意事项有哪些？

2.搜集室内家具模型制作实例，并对其选材、制作技法及艺术特征等进行分析。

3.搜集室内饰品模型制作实例，并对其选材、制作技法及艺术特征等进行分析。

第五节　模型的制作工艺及技法

在模型的制作中，为了真实、直观地将设计构思以三维形体的实物展现出来，制作出满足设计要求的模型实体，需充分了解各种模型材料的基本特性、加工工艺以及各种工具与设备。

一、模型的制作方法

模型是由多种不同材料采用加法、减法或综合成型法加工制作而成的实体。模型制作的方法可归纳为加法成型、减法成型和混合成型。

（一）加法成型

加法成型是通过增加材料、扩充造型体量来进行立体造型的一种手法，其特点是由内向外逐步添加造型体量，将造型形体先制成分散的几何体，通过堆砌、比较确定相互位置，达到合适体量关系后采用拼合方式组成新的造型实体。加法成型通常采用木材、黏土、油泥、石膏、硬质泡沫塑料来制作，多用于制作外形较复杂的产品模型（图3-5-1）。

图3-5-1 加法成型模型制作

（二）减法成型

减法成型与加法成型相反。减法成型是采用切割、切削等方式，在基本几何形体上进行体量的剔除，去掉与造型设计意图不吻合的多余体积，以获得构思所需的正确形体。其特征是由外向里成型。这种成型法通常是用较易成型的黏土、油泥、石膏、硬质泡沫塑料等为基础材料，多以手工方式切割、雕塑、锉、刨、刮削成型，适用于制作简单的产品模型。

（三）混合成型

混合成型是一种综合成型方法，是加法成型和减法成型的相互结合与补充，一般宜采用木材、塑料型材、金属合金为主要材料制作，多用于制作结构复杂的产品模型。

二、模型制作新技术——快速成型技术

快速成型（Rapid Prototype，RP），又称"快速制样"或"实体自由形式制造"，是一种用材料逐层堆积出制件的制造方法，是集AutoCAD、数控技术、精密机械、激光技术和材料科学与工程等最新技术而发展起来的产品设计开发技术。

（一）快速成型的原理

快速成型是一种离散、堆积成型的加工技术，其目标是将计算机三维AutoCAD模型快速地转变为具体物质构成的三维实体模型。快速成型的基本过程是将计算机辅助设计的产品的立体数据，经计算机分层离散处理后，把原来的三维数据变成二维平面数据，按特定的成型方法，将成型材料逐点、逐面一层层加工，并堆积成型。

（二）快速成型的特点

快速成型技术是将一个实体的复杂的三维加工离散成一系列层片的加工，大大降低了加工难度，开辟了不用任何刀具而迅速制作各类零件的途径，并为用常规方法不能或难以制造的模型或零件提供了一种新型的制造手段。其特点如下：

① 改变了传统模型的制造方式。AutoCAD模型直接驱动实现设计与制造高度一体化，充分体现了设计评价制造的一体化思想，其直观性和易改性为产品的完美设计提供了优良的设计环境。

② 可以制造任意复杂形状的三维实体模型，充分体现设计细节，尺寸和形状精度大为提高，零件不需要进一步加工。

③ 成型过程不需要工装模具的投入，既节省了费用，又缩短了制作周期。

④ 成型全过程的快速性适合现代竞争激烈的产品市场。

（三）快速成型的基本方法

目前采用的快速成型方法可分为以下几种：

1. 立体光固化成型——SLA法

SLA法是目前快速成型领域中最普遍的制作方式。其原理是利用紫外激光光束使液态光敏树脂逐层固化，形成三维实体；通过AutoCAD设计出三维实体模型，利用离散程序将模型进行切片处理，将计算机软件分层处理后的资料由激光光束通过数控装置的扫描器按设计的扫描路径投射到液态光敏树脂表面，使表面特定区域内的一层树脂固化，生成零件的一个截面；每完成一层后，浸在树脂液中的平台会下降一层，固化层上覆盖另一层液态树脂，再进行第二层扫描，新固化的一层牢固地黏结在前一固化层上；如此重复，直至最终形成三维实体原型。

2. 选择性激光烧结成型——SLS法

SLS法与SLA法的成型原理相似，只是将液态光敏树脂换成在激光照射下可烧结成型的各种固态烧结粉末（如金属、陶瓷、树脂粉末）。其基本过程是将AutoCAD软件控制的激光束投射到覆盖一层烧结粉末的工作面上，按照零件的截面信息对粉末层进行有选择的逐点扫描，受激光照射的粉末层熔化烧结，使粉末颗粒相互黏结而形成制件的实体部分。每完成一层烧结，工作平台就下降一层，在作业面上重新覆盖一层粉末，再进行另一层的烧结，如此反复进行，逐层形成立体的模型。

3. 熔融沉积成型——FDM法

该方法使用丝状材料（如石蜡、金属、塑料、低熔点合金丝）为原料，利用电加热方式将丝状材料在喷头中加热至略高于熔化温度，呈熔融状态。在计算机的控制下，喷头作X-Y平面的扫描运动，将熔融的材料从送料端口喷头射出，涂覆在工作台上，冷却后形成模型的一层截面；一层成型后，喷头上移一层高度，进行下一层涂覆，这样逐层堆积形成三维模型。

4. 分层实体模型——LOM法

LOM法又称层叠成型法，是以薄片材（如纸片、塑料薄膜或复合材料）为原材料，通过薄片材进行层叠与激光切割而形成模型。其成型原理为激光切割系统按照计算提取的横截面轮廓数据，将背面涂有热熔胶的片材用激光切割出模型的内外轮廓；切割完一层后，工作台下降一层高度，在刚形成的层面上叠加新的一层片材，利用热粘压装置使之黏合在一起，然后再进行切割，这样一层层地黏合、切割，最终成为三维实体。

三、模型制作的基本技法工艺

模型的制作是一个利用工具改变材料形态，通过粘接、组合产生出新的物质形态的过程。这一过程包含很多基本技法，广大模型制作人员只要掌握这些最简单、最基本的要领与方法即可。即使制作造型复杂的园林景观模型，也只不过是那些最简单、最基本的操作过程的累加而已。

（一）聚苯乙烯模型制作基本技法

用聚苯乙烯材料制作模型是一种简便易行的制作方法。

1. 准备工作

在制作此类模型时，首先要根据材料的特性做好加工制作的准备工作。准备工作可分为两部分，即准备材料和准备制作工具。

① 材料准备：在进行材料准备时，要根据被制作物的体量及加工制作中的损耗，准备定量的材料毛坯。

② 工具准备：在进行制作工具准备时，主要是选择一些画线与切割工具。然后，要对电热切割器进行检查与调试。首先，用直角尺量一下电热丝是否与切割器工作台垂直，然后通电并根据所要切制的体块大小用电压来调整电热丝的热度（电压越高，热度越大）。一般，电热丝的热度调整到使切割缝隙越小越好，因为这样才能控制被切割物体平面的光洁度与精准度。

2. 基本制作步骤

聚苯乙烯模型的制作基本步骤为画线、切割、粘接、组装。

① 画线：画线时一般采用刻写钢板的铁笔作为画线工具。

② 切割：采用自制的电热切割器及推拉刀作为切割工具。在进行体块切割时，为了保证切割面平整，除了要调整电压、控制电热丝温度外，被切割物在切割时要保持匀速推进，中途不要停顿，否则将影响表面的平整性。在切割方形体块时，一般是先将材料毛坯切割出90°直角的两个标准平面，然后利用这两个标准平面，通过横纵位移进行各种方形体块的切割。为了保证体块尺寸的准确度，画线切割时一定要把电热丝的热容量计算在内。在切割异形体块时，要特别注意两手间的相互配合，一般一只手用于定位，另一只手推进切割物体运行，这样才能保证被切割物切面光洁、线条流畅。在切割较小体块时，可以利用推拉刀或刻刀来完成。用刀类切割小体块时，一定要注意使刀片与切割工作台保持垂直，刀刃与被切割物平面成45°角，这样才能保证被切割面的平整光滑。

③ 粘接、组装：在所有体块切制完毕后，便可以进行粘接、组装。在粘接时常用乳胶作为黏结剂，但由于乳胶干燥较慢，所以在粘接过程中还需要用大头针辅以定型，待通风干燥后进行适当修整，便可完成制作工作。

此外，在利用聚苯乙烯材料制作模型时，除了用电热切割的方法进行造型外，还可采用喷刷手段进行多种造型。总之，待熟练掌握制作的基本技法和材料的特性后，会发现运用聚苯乙烯材料制作模型所带来的巨大表现力和超乎想象的视觉效果。

（二）纸板模型制作基本技法

利用纸板制作模型是最简便快捷的方法之一。纸板模型分为薄纸板和厚纸板两大类。

1. 薄纸板模型制作基本技法

① 选材、画线：用薄纸板制作模型时，首先要根据模型类别和建筑主体的体量合理地进行选材。一般此类模型所用的纸板厚度在0.5 mm以下。在制作材料选定后，便可以进行画线。首先要对建筑物体的平立面图进行严密的剖析，合理地按物体构成原理分解成若干个面，然后，为简化粘接过程，可以将分解后的若干个面按折叠关系进行组合，并描绘在制作纸板上。

② 剪裁：按事先画好的切割线进行剪裁，接口处要留有一定的粘接量。

③ 折叠、粘接：裁剪后，按照模型的构成关系，通过折叠进行粘接组合。折叠时，面与面的折角处要用刻刀将折线划裂，以便在折叠时保持折线的挺直；粘接时要根据具体情况选择和使用黏结剂，接缝、接口处粘接时，应选用乳胶或胶水作黏结剂并注意其用量；在进行大面积平面粘接时，应选用喷胶作黏结剂，以免在粘接过程中引起粘接面的变形。

在用薄纸板制作模型时，还可以根据纸的特性，利用不同的手段来丰富纸模型的表现效果。如利用"折皱"可以使载体形成许多不规则的凹凸面，从而产生各种肌理；通过色彩的喷涂可使形体的表层产生不同的质感。总之，通过对纸板特性的合理运用和对制作基本技法的掌握，可以使薄纸板模型的制作简单化、效果更加多样化。

2. 厚纸板模型制作基本技法

用厚纸板制作模型是现在比较流行的一种制作方法，主要用于展示类模型的制作。其基本技法可分为选材、画线、切割、粘接、修整等步骤。

① 选材：市场上出售的厚纸板是单面带色板，色彩种类比较多。这种纸板给模型制作带来了极大的方便，可以根据模型制作要求选择不同色彩、肌理的纸板。

② 画线：在材料选定后，便可以根据图纸进行分解。将建筑物的平立面根据色彩、造型的不同分解成若干个面，并把这些面分别画在不同的纸板上。画线时，要保证尺寸的准确性，尽量减少制作过程中的累积误差。注意工具的选择和使用，画线时多使用铁笔或铅笔。若使用铅笔，要采用硬铅（HB、2HB）轻画来绘制图形，其目的是确保切割后刀口与面层的整洁。在具体绘制图形时，首先要在板材上找出一个直角边，然后利用这个直角边，通过位移来绘制需要制作的各个面，这样绘制既准确快捷，又能保证组合时面与面、边与边的水平与垂直。

③ 切割：一般在被切割物下面垫上切割垫，同时切割台面要保持平整，防止在切割时跑刀。切割顺序一般是由上至下，由左到右，按这个顺序切割不容易对已切割完的物件和已绘制完但未被切割的图形造成损坏。纸板厚度在1 mm以上时，很难一刀将纸板切透，一般要进行重复切割。重复切割时，一方面要注意刀的角度要一致，防止切口出现梯面或斜面；另一方面要注意切割力度，由轻到重逐步加力，如果力度掌握不好，切割过程中很容易跑刀。在切割立面开窗时，不要一个窗口一个窗口切，要按窗口纵横顺序依次完成切割，这样才能使立面的开窗效果整齐划一。

④ 粘接：待整体切割完成后，即可进行粘接处理。一般粘接有面对面、边对面、边对边3种形式。面对面粘接主要是各块体之间组合时采用，粘接时注意粘接面的平整度，确保粘接缝隙的严密；边对面粘接主要是立面间、平立面间、体块间组合时采用的一种粘接形式，在进行这种形式的粘接时，由于接口接触面积小，所以一定要确保接口的严密性，同时还要根据粘接面具体情况考虑进行内加固；边对边粘接主要是面间组合时采用的一种粘接形式，进行这种形式的粘接时，必须将两个粘接面的接口按粘接角度切成斜面，然后再进行粘接。在切割对接口时，一定要注意斜面要平直，角度要合适，这样才能保证接口的强度与美观。如果粘接口较长、接触面较小时，同样可根据具体情况考虑进行内加固。

在粘接厚纸板时，一般采用白乳胶作为黏结剂。在具体粘接过程中，一般先在接缝内口进行点粘。由于白乳胶自然干燥速度慢，可以利用吹风机烘烤，提高干燥速度。待胶液干燥后，检查一下接缝是否合乎要求，如达到制作要求即可在接缝处进行灌胶；如感觉接缝强度不够时，要在不影响视觉效果的情况下进行内加固。

在粘接组合过程中，由于模型是由若干个面组成的，即使切割再准确也存在着累计误差。所以操作过程中要随时调整建筑体量的制作尺寸，随时观察面与面、边与边、边与面的相互关系，确保模型造型与尺度。另外，在粘接程序上应注意先制作主体部分，其他部件如踏步、阳台、围栏、雨篷、廊柱等先不考虑，因为这些部件极易在制作过程中被撞损，所以只能在建筑主体部分组装成型后再进行这些构件的组装。

⑤ 修整：在全部制作程序完成后，还要对模型进行表层污物及胶痕清除，对破损的纸面添补色彩等，同时还要根据图纸进行各方面的核定。

总之，用纸板制作模型，无论是制作工艺还是制作方法都较为复杂。只有掌握了制作的基本技法，才能解决今后实际制作中出现的各种问题，从而使模型制作向着理性化、专业化的方向发展。

（三）木质模型制作基本技法

用木质材料制作模型是一种独特的制作方法。它一般是用材料自身所具有的纹理、质感来表现，它古朴、自然的视觉效果是其他材料所不能比拟的，主要用于古建筑、仿古园林沙盘模型的制作（图3-5-2）。

图3-5-2　木质模型制作

1. 基本制作技法

木质模型的基本制作技法可分为选材、画线、切割、打磨、粘接组装、修整等步骤。

① 选材：用木材制作模型，主要凸显材料自身的纹理和色彩，表层不做后期处理，所以选材问题就显得格外重要。选材时应考虑如下因素：一是木材纹理的规整性。一定要选择纹理清晰、疏密一致、色彩与厚度一致的板材。二是木材强度。在制作木质模型时，一般采用航模板，板材厚度为0.8～2.5 mm，由于板材很薄，再加之有的木质密度不够，所以强度很低，在切割和稍加弯曲时，就会产生劈裂。因此，在选材（特别是选薄板材）时，尽量选择一些密度大、强度高的板材作为制作的基本材料。

② 画线：画线采用的工具和方法可以参见厚纸板模型的画线工具和方法，还可以利用设计图纸装裱来代替手工绘制图形。具体做法是，先将设计图的图纸分解成若干个制作面，然后将分解的图纸用稀释后的胶水或糨糊（不要用白乳胶或喷胶）依次裱于制作板材上，待干燥后便可以进行切割。切割后，板材上的图纸用水润湿即可揭下。此外，无论采用何种方法绘制图形，都要考虑木板材纹理的搭配，确保模型制作的整体效果。

③ 切割：在进行木板材切割时，较厚的板材一般选用锯进行切割，薄板材一般选用刀进行切割。在选择刀具时，一般选用刀刃较薄且锋利的刀具，因为刀刃越薄就越锋利，切割时刀口处板材受挤压的力就越小，从而减少板材的劈裂现象。此外，在板材切割过程中，还要掌握正确的切割方法。用刀

具切割时，第一刀用力要适当，先把表层组织破坏，然后逐渐加力分多刀切断。这样切割即使切口处有些不整齐，也只是下部有缺损，而绝不会影响表层的效果。

④ 打磨：在部件切割完成后，按制作木模型的程序，应对所有部件进行打磨。打磨是组合成型前的最重要环节。在打磨时，一般选用细砂纸来进行。具体操作时应注意：一要顺其纹理进行打磨；二要依次打磨，不要反复推拉；三要打磨平整，表层有细微的毛绒感。在打磨大面时，应将砂纸裹在一个方木块上进行，这样打磨接触面受力均匀，效果一致；在打磨小面时，可将若干个小面背后贴好定位胶带，分别贴于工作台面成一个大面进行打磨，这样可以避免因打磨方法不正确而引起的平面变形。

⑤ 粘接组装：在粘接组装时，一般选用白乳胶和德国的Hart黏结剂，切忌使用502胶进行粘接。因为502胶是液状，黏稠度低，在干燥前可通过木材的孔隙渗入，待胶液干燥后，木材表面会留下明显的胶痕，这种胶痕是无法清除掉的。白乳胶和德国的Hart黏结剂胶液黏稠度大，不会渗入木质内部，从而保证粘接缝隙整洁、美观。在粘接组装过程中，可参照厚纸板模型的粘接方式，即面对面、面对边、边对边。同时在具体粘接组装时，还可以根据制作需要，在不影响美观的情况下，使用木钉、螺丝共同进行组装。

⑥ 修整：在组装完毕后，还要对成型的整体外观进行修整。

综上所述，木质模型制作的基本技法与厚纸板模型有较多共性，在一定程度上可以相互借鉴，互为补充。

2. 木材拼接方法

在选材时，如果遇到板材宽度不能满足制作尺寸的情况时，就要通过木板材拼接来满足制作需要。木板材拼接一般是选择一些纹理相近、色彩一致的板材进行拼接，方法有以下几种。

① 对接法：对接法是木材拼接的常用方法。拼接时，首先要将拼接木板的接口进行打磨处理，使其缝隙严密，然后刷上乳胶进行对接。对接时略加力，将拼接板进行搓齐，使其接口内的夹胶溢出接缝，然后将其放置于通风处干燥。

② 搭接法：搭接法主要用于厚木板材的拼接。拼接时，首先要把拼接板接口切成子母口，然后在接口处刷上乳胶进行挤压，将多余的胶液挤出，经认定接缝严密后，放置于通风处干燥。

③ 斜面拼接法：斜面拼接法主要用于薄木板的拼接。拼接时，先用细木工刨将板材接口刨成斜面，斜面大小视其板材厚度而定，板材越薄，斜面应越大；反之，板材越厚，斜面越小。接口刨好后，便可以刷胶、拼接。拼接后应检查是否有错缝现象，若粘接无误，将其放置于通风处干燥。

（四）有机玻璃板及ABS板模型制作基本技法

有机玻璃板与ABS板同属于有机高分子合成塑料。这两种材料有较大的共同特点，所以一并介绍其制作基本技法。有机玻璃板和ABS板都是具有强度高、韧性好、可塑性强等特点的模型制作材料，主要用于展示类模型的制作，其制作基本技法可分为选材、画线放样、切割、打磨、粘接、上色等步骤。

1. 选材与画线放样

① 选材：现在市场上出售的有机玻璃板和ABS板规格不一，其厚度为0.5～10 mm，或者更厚。但用来制作模型的有机玻璃板一般厚度为1～5 mm，ABS板一般厚度为0.5～5 mm。在挑选板材时，一定要看清规格和质量标准。薄板材由于加工工艺和技术等因素影响，厚度明显不均，因此在选材时要合理地进行搭配。另外，还应注意在储运过程中，材料的表面可能受到的不同程度的损伤。部分模型制作者认为，板材加工后还要打磨、上色，有点损伤并无大碍，其实不然，若损伤较严重，即使打磨、喷色后损伤处仍会明显留存于表面。所以，应特别注意板材表面的情况。在选材时，除了要考虑上述材料自身因素外，还要考虑后期制作工序。若无特殊技法表现时，一般选用白色板材进行制作，因为白色板材便于画线，也便于后期上色处理。

② 画线放样：画线放样即根据设计图纸和加工制作要求将模型的平立面分解并移植在制作板材上。在有机玻璃板和ABS板上画线放样有两种方法：一是利用图纸粘贴代替手工绘制图形的方法，具体操作可参见木质模型的画线方法；二是测量画线放样法，即按照设计图纸在板材上重新绘制制作图形。在有机玻璃板和ABS板上绘制图形，画线工具一般选用圆珠笔和游标卡尺。用圆珠笔画线时，要先用酒精将板材上的油污渍擦干净，用旧细砂纸轻微打磨一下，将表面的光洁度降低，这样能增强画线时的流畅性。用游标卡尺画线，可即量即画，方便、快捷、准确。画线时，游标卡尺用力要适度，只要在表层留下轻微划痕即可。画线完成后，可用手沾些灰尘、铅粉或颜色，在划痕上轻轻揉搓，此时图形便清晰地显现出来。

2. 加工制作步骤

① 工具选用：制作材料是ABS板，且厚度为0.5～1 mm时，一般用推拉刀或手术刀直接切割即可成型。制作材料是有机玻璃板或厚度在1 mm以上的ABS板时，一般用曲线锯进行加工制作。具体操作方法是，先用手摇钻或电钻在有机玻璃板上将要挖掉的部分钻出一个小孔，将锯条穿进孔内，上好锯条便可以按线进行切割。如果使用厚度1 mm的板材加工，保险起见，可以用透明胶带粘贴在加工板材背面，从而加大板材的韧性，防止切割劈裂。

② 修整切割：切割完毕后还要用锉刀进行统一修整，修整时要有足够的细心、耐心。

3. 打磨、粘接、组合

① 初次打磨：待切割程序全部完成后，要用酒精将各部件上的残留线清洗干净，若表面清洗后还有痕迹，可用砂纸打磨，然后便可以进行粘接、组合。有机玻璃板和ABS板的粘接和组合是一道较复杂的工序。在这类模型的粘接、组合过程中，一般是按由下而上、由内而外的程序进行的。对于粘接形式无须过多考虑，因为此类模型在成型后还要进行色彩处理。在具体操作时，首先，选择一块比模型基底大、表面平整而光滑的材料作为粘接的工作台面，一般选用厚5 mm的玻璃板为宜。其次，在被粘接物背后用深色纸或布进行遮挡，这样可以增强被粘接物的色彩对比，便于观察。

② 粘接、组合：在粘接有机玻璃板和ABS板时，一般选用502胶和氯仿作黏结剂。在初次粘接

时，不要一次将黏结剂灌入接缝中，应先采用点粘进行定位，定位后要进行观察。观察时，一方面要看接缝是否严密、完好，另一方面要看被粘接面与其他构件间的关系是否准确，必要时可用工具进行测量。接缝认定无误后，再用胶液灌入接缝，完成粘接。在使用502胶作黏结剂时，应注意在粘接后不要马上打磨、喷色，因为502胶不可能在较短的时间内做到完全挥发，若马上打磨喷色，很容易引起粘接处未完全挥发的成分与喷漆产生化学反应，使接缝处产生凹凸不平感，影响其效果。在使用氯仿黏结剂时，虽说不会产生上述情况，但它属于有机溶剂，在粘接时若一次使用太多量，极易把接缝处的板材溶解成黏糊状，干燥后引起接缝处变形。总之，在粘接时应本着"少量多次"的原则进行。

③ 再次打磨：当模型粘接成型，胶液充分干燥后，还要对整体进行一次打磨。这里应该注意的是，此次打磨应在胶液充分干燥后进行。一般使用502胶进行粘接时，需干燥1小时以上；用氯仿进行粘接时，需干燥2小时以上才能进行打磨。打磨一般分两遍进行：第一遍用锉刀打磨。在打磨缝口时，最常用的是20.32～25.4 cm中细度板锉。在使用锉刀时要特别注意打磨方法，打磨中单向用力，即向前锉时用力，回程时抬起，而且打磨力度要一致，这样才能保证所打磨的缝口平直。第二遍打磨可用细砂纸进行，主要是将第一遍打磨后的锉痕打磨平整。在全部打磨程序完成后，要对已打磨过的各个部位进行检验。一般采用手摸、眼观进行检验。手摸是利用肌肤触感检查打磨面是否平整光滑，眼观是利用视觉来检查打磨面。在眼观时，打磨面与视线应形成一定角度，避免反光对视觉的影响，从而准确地检查打磨面的光洁度。

4. 再加工

检验模型有负偏差时，则需做进一步加工，其方法有二：

其一，选择与材料相同的粉末，堆积于需修补处，然后用氯仿将粉末溶解，并用刻刀轻微挤压，然后放置于通风处干燥。干燥时间越长越好，待胶液完全挥发后再进行打磨。

其二，用石膏粉或浓稠的白水粉颜料加白色自喷漆进行搅拌，使之成为糊状，然后用刻刀在需要修补处进行填补。应注意的是该填充物干燥后会有较大程度的收缩，所以要分多次填补才能达到理想效果。

5. 上色

上色是用有机玻璃板、ABS板制作建筑主体的最后一道工序。一般此类材料的上色都是用涂料来完成的。目前，市场上出售的涂料品种很多，有调和漆、磁漆、喷漆和自喷涂料等。在上色时，首选的是自喷漆类涂料，这种上色剂具有覆盖力强、操作简便、干燥速度快、色彩感觉好等优点。

调和漆操作程序：调和漆具有易调和、覆盖力强等特点，是一种用途广泛的上色剂。在进行模型上色时，调和漆的操作方法与程序和我们日常生活中接触到的操作方法与程序截然不同。在日常生活中，常用板刷涂刷来进行大面积上色，使油漆附着于被涂物的表面，但进行模型上色时，这种方法就显得太粗糙了。

在使用调和漆进行模型上色时，一般采用剔涂法，即选用一些细孔泡沫沾上少量经过稀释的油漆进行涂刷。其上色顺序，一般是由被处理面中心向外呈放射状依次进行，切忌乱涂或横向排列，否则会影响着色面色彩的均匀度。上色时也不要急于求成，要反复数次。每次上色必须等上一遍漆完全干燥后才可进行。这种上色法若操作得当，其效果基本上与自喷漆的效果一致。利用着色法进行上色的过程中，要特别注意以下几点：

① 因为调和漆（经过稀料稀释后）干燥时间较长，一般需要3~6小时，所以必须在无尘且通风良好的环境中进行操作和干燥。

② 用于涂色的细孔泡沫在每一次涂色后应更新，以确保着色的均匀度不受影响。

③ 在进行调和漆调色时，要注意醇酸类和硝基类的调和漆不能混合使用，作为稀释用的稀料同样也不能混合使用。

④ 使用两种以上色彩进行调配的油漆，待下一次使用前一定要将表层的干燥漆皮去除并搅拌均匀后才能继续使用。

自喷漆操作步骤：先将被喷物体用酒精擦拭干净，并选择好颜色合适的自喷漆，然后将自喷漆罐上下摇动约20秒，待罐内漆混合均匀后即可使用。喷漆时，一定要注意被喷物与喷漆罐的角度和距离。一般被喷物与喷漆罐夹角在30°~50°之间，距离在20 cm左右为宜。具体操作时应采取少量多次喷漆的原则，每次喷漆间隔时间在2~4分钟。雨季或气温较低时，应适当地延长间隔时间。在进行大面积喷漆时，每次喷漆的顺序应交叉进行，即第一遍由上至下，第二遍由左至右，第三遍再由上至下依次转换，直至达到理想的效果。

在喷漆的实际操作中，如果需要有光泽的表层效果时，在喷漆过程中应缩短喷漆距离并均匀地减缓喷漆速度，从而使被喷物表层在干燥后能形成平整而有光泽的漆面。但要注意，喷漆时，被喷面一定要水平放置，以防漆层出现流挂现象。如果需要亚光效果时，在喷漆过程中要加大喷漆距离和加快喷漆速度，使喷漆在空中形成雾状并均匀地散落在被喷面表层，这样重复数遍后，漆面便形成颗粒状且无光泽的表层效果。

综上所述，自喷漆是一种较理想的上色剂，但是由于目前市场上出售的颜色品种有限，从而给自喷漆的使用带来了局限性。如果在进行上色时在自喷漆中选择不到合适的颜色，可用磁漆或调和漆来替代。

课后思考

1.常用的模型制作方法有哪些?

2.模型制作快速成型技术的优势有哪些?

思考与练习

1.搜集不同类型的模型制作实例，并尝试分析其选材、制作技法及艺术特征。

2.准备材料与工具，并尝试进行花园模型的设计与制作。

第四章　模型设计与制作的程序和方法

教学目标： 通过对环境设计模型的设计构思、制作步骤、制作方法，以及内视模型和外视模型具体制作方法的学习，使学生系统把握环境设计模型的制作步骤和具体方法，为具体的模型设计与制作过程提供理论和实践指导。

教学重点： 模型的设计构思、制作步骤、制作方法。

教学难点： 内视模型与外视模型的实训制作。

第一节　模型的设计构思

模型是指通过主观意识借助实体或者虚拟表现，构成客观形态结构的三维表达效果的对象，环境设计模型则指对环境设计类空间设计方案，进行形态结构客观实体表达的一种途径。设计与制作的目标是将设计方案的二维平面图纸转化为三维空间的立体实物，直观地呈现在观者眼前。

环境设计类模型从展示与表现的侧重依据、制作的特点，可分为内视模型和外视模型。内视模型是表现建筑内部空间结构穿插、功能组织及装饰装修效果的建筑内部空间模型；外视模型是表现建筑外部造型特征或外部环境元素组织关系的外部空间模型。

高等院校环境设计专业模型设计与制作课程的开设，主要是为了锻炼学生的三维空间思考建构能力，锻炼学生通过材料、设备、工具使二维的方案设计生成三维实物模型的实践动手能力，通过模型设计与制作的过程让方案设计以模型这样一种更为直观的形象化方式呈现。

模型制作前需要对将展开制作的模型进行设计构思。设计构思指的是根据制作任务的具体情况，拟定出系统的、有目的的和可行的制作方案。环境设计模型的设计构思包括模型的方案设计选题、模型比例，以及制作过程中材料、色彩、组合形式等环节和内容的构思。

一、制作方案选题构思

高校环境设计专业环境艺术模型的方案选题通常可采用两种方式，一是选择已有的环境设计空间案例直接进行模型制作的设计构思，二是自行设计环境设计空间方案并进行模型制作的设计构思（附件1）。前一种选题方式多在专业课程的学习阶段，后一种选题方式多在毕业设计方案的表达阶段。

（一）选用已有案例直接进行模型制作的设计构思

选择优秀经典的环境设计空间项目案例进行模型的设计制作呈现，其优势在于已实施的环境艺术空间项目案例已被大众所认可，如形态结构、空间组织、艺术效果，易于获得较好的视觉审美共鸣，如学生所熟知的校园规划、园林景观、建筑设计，或是一些经典的建筑案例，如赖特的流水别墅、柯布西耶的朗香教堂、苏州博物馆、中国的古典园林，因此在模型设计与构思环节就更易于切入，且特别容易做出较好的效果（图4-1-1）。

图4-1-1 苏州博物馆模型

这类模型的设计构思，首先，要找到环境设计空间原始的方案图纸，并结合该图纸熟悉原始方案的平面结构、立面造型图纸；其次，根据要完成模型的体量大小，分析该采取多大的比例、各部位选择哪类材料表现、每类材料所需使用的量，以及各类材料的加工制作方法、构件接合方式等进行设计构思。最后，整理出模型制作所需的材料和制作流程时间安排等信息，并以模型设计与制作信息一览表的格式呈现（附件2）。

（二）自行设计方案并进行模型制作的设计构思

选择自行设计环境设计空间项目案例进行模型的设计制作呈现，相对于前者稍有难度，任务量也较大。对于要完成的模型效果更多地存在于概念意识层面，只能在方案设计与制作过程环节不断去解析明确。自行设计环境设计空间的类别通常包含室内空间设计方案、建筑空间设计方案或景观空间设计方案（图4-1-2）。

这类模型的设计构思，需要先根据选定的方案设计空间类别，并结合该类别空间设计的原理完成二维方案设计的任务，然后展开具体的模型制作的设计与构思。模型制作的设计构思需要先根据二维方案设计的图纸，展开分析讨论，并选定模型制作的比例，所需板材与辅材、配饰等材料，以及具体的加工制作方式等任务、清单信息，并汇总梳理出模型设计与制作信息一览表（附件2）。

图4-1-2　自行设计并制作模型

二、模型体量比例的构思

选题完成后，需要对要制作模型的体量区间进行构思预估。环境设计空间模型具体比例的确定，首先要对绘制出的方案图纸进行分析，然后依据被表现对象的复杂程度和规模的大小，并结合面积和模型体量选择合适的比例。以表现内视空间设计方案效果类的模型，一般选择稍大的比例进行制作表现，如1：25、1：50、1：75，这样可以将方案设计中各个部位的细节表现得更为充分具体，使观者更为清晰明了地了解空间的装饰装修风格等细节效果（图4-1-3）。以表现外视空间设计方案效果类的模型，一般选择稍小的比例进行制作表现，如1：100、1：200、1：300，可以将外部空间场景的整体设计概况给予较完整的展现，使观者可以一目了然地了解到整个外视空间环境的设计概貌（图4-1-4）。

图4-1-3　内视空间模型

图4-1-4　外视空间模型

　　所表现模型场景的尺度空间越大，选用的比例越小，反之，模型场景的尺度空间越小，选用的比例则越大。模型选用的比例要靠观察与比较分析来确定，缩放比例可以根据比值来计算。比如设计图纸与实物比例为1：200，模型制作与实物比例要求为1：100，两者间的比值即为2（200/100）。计算时可用设计图纸上的线性尺寸乘以比值，即得到模型的放大尺寸。又或者设计图纸与实物比例为1：100，模型制作与实物比例要求为1：250，这两者间的比值为2.5（250/100），计算时可用设计图纸上的线性尺寸除以比值，便得到缩小尺寸。

三、模型材料的表现构思

　　在制作环境设计空间模型之前要选择好相应的表现材料。首先，应根据环境设计空间的特点，选择一些较为仿真的材料，最大程度地展现方案设计要达到的效果。其次，在色彩、质感、肌理等方面要能够表现原环境设计空间的真实感和整体感，同时，材料还应具备加工方便、便于艺术处理的属性特点（图4-1-5）。

　　在进行环境设计空间模型制作时，应根据具体的空间转换、形态造型、结构组合变化，进行合理的构思设计与开料（根据工艺要求及尺寸规格选用具体的切割方式，将材料裁切成所需要规格的过程）。遵循简洁、省料、稳定、牢固，符合承重结

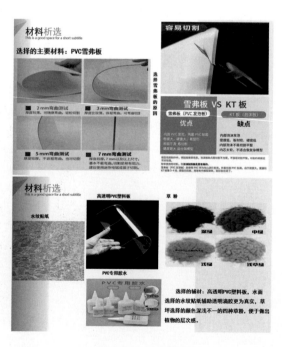

图4-1-5　材料析选

构原理及适应对象表面装饰需要的原则，开料时要将环境设计空间中同种对象的同一平面或立面一并开出，尤其是要将高度相同的各个立面同时开料（图4-1-6）。

图4-1-6 开料制作

四、模型的色彩与表面处理

模型的色彩与表面处理是环境设计空间模型真实性视觉呈现的重要环节。色彩的表现在模拟真实的基础上，既要把握色彩的功能、色彩的对比与调和以及色彩设计的应用，也要考虑视觉艺术的应用表达。通过对模型进行外表的涂饰，表达出环境设计空间模型的整体色彩和质感效果。因此还需要熟悉涂饰材料和涂饰工艺层面的知识，并不断实验，去了解和熟悉各种涂饰材料及工艺所产生的效果。

在具体的模型制作中，模型的装饰更多的是追求视觉上近似于真实环境设计空间的效果。对环境设计空间模型进行表面处理，可以选用各种绘画颜料和装饰纸等材料，装饰手法可采用贴饰和喷涂的方式进行制作(图4-1-7）。

图4-1-7 贴饰、涂饰制作

附件1

《模型设计与制作》课程作业内容及要求

一、考核题目

（一）选题形式

1. 自选已有环境设计空间案例；

2. 自行设计环境设计空间案例（可以结合之前单类方案设计的作业图纸）。

（二）题目类别

1. 自选或设计以室内空间设计为主的内视空间模型（如别墅室内空间、商品住宅空间、博物馆空间、商业展示空间），以表现室内空间结构、空间分隔、功能组织穿插、风格装饰特征、色彩冷暖关系等为主。

2. 自选或设计以建筑为主、环境为辅的建筑空间模型（如别墅、商场、图书馆、展厅），以表现建筑空间结构、内部功能划分、建筑外观为主，以建筑外部环境表现为辅，其中重点表现单层建筑内部环境布置（别墅类小空间，需要刻画内部空间结构、材质、家具、软装等；大型公共建筑，主要表现建筑外观结构）。

3. 自选或设计以景观环境规划为主、建筑为辅的室外景观规划空间模型（如地形景观、城市区域景观、滨水景观），以表现地形特征、景观层次、景观规划全貌为主，以附属建筑表现为辅，其中重点表现景观层次的穿插变化。

二、考核方法

分组（3~4人）进行合理分工搭配协作，选定合适的比例制作出实物模型。

三、作业规格

尺寸规格：底板尺寸可以是正方形的，也可以是长方形的，最短边不小于50 cm，模型制作比例自定。

四、作业内容

1. 提交模型实物，并选取好的光线和角度，摆正图纸或模型进行拍摄。

2. 留档电子作业内容：

作业1：构思图纸2张、模型制作信息一览表；

作业2：模型框架照片2张；

作业3：模型底盘制作照片2张；

作业4：模型精细部件制作照片2张；

期末作业：制作过程及成品展示拍摄照片（＞15张），做成PPT上交。

附件2

模型设计与制作信息一览表

1.小组成员：_____

2.任务分配：_____

3.选题：_____

　　类别：_____

　　名称：_____

4.材料清单

　　板材：_____

　　辅材：_____

　　配饰：_____

　　粘接/连结材料：_____

5.制作加工方式：

_____

6.选用设备（可根据实际情况增加）：

_____

7.制作过程时间表

周次	项目内容
第一周	
第二周	
第三周	
第四周	
……	

课后思考

1.在模型的设计构思阶段具体要对哪几项内容进行构思？

2.在模型的制作方案选题构思环节，通常可采用哪两种方式来展开？

3.在模型的材料表现构思环节，对材料进行构思时的注意事项是什么？

第二节　模型的制作步骤

本节所述模型的制作步骤，可根据模型类别和比例，以及材料和制作手段的不同，灵活地进行调整，中间环节可相应穿插变化。

一、绘制模型制作的工艺图

首先确定环境设计空间模型的选题类别，将收集或绘制的选题方案的平面及立面图纸进行系统分析，然后绘制其方案的整体效果图，以及模型制作所需要的平面工艺图和立面工艺图。然后根据预期制作的模型体量大小，按照比例对平面工艺图和立面工艺图进行相应的缩放（图4-2-1）。

图4-2-1　绘制工艺图纸

二、选料画线

从选题到模型制作图纸的绘制，需对展开模型制作任务的板材及辅料进行综合考量，选购合适的材料，之后可将制作模型的图纸打印多份，分类码放在已经选好的板材上，在图纸和板材之间夹一张复印纸，然后用双面胶固定好图纸和板材的各个角，用笔转印描画出各个区域板材的切割线。在转印描线时应注意将图纸在板材上的排列位置计算好，以充分利用板材，节约材料（图4-2-2）。

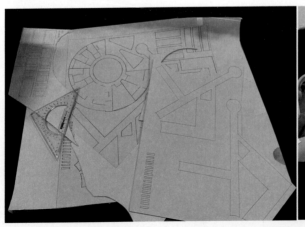

图4-2-2　选料画线

三、板面部件加工

在模型板面部件材料的加工环节，可以根据选购板材的属性特点，选用合适的加工方式；依据板材的尺度、造型等特征，可采用雕刻机雕刻切割，也可用带锯、线锯等小型切割锯切割，切割完成后归纳分类存放（图4-2-3）。然后根据图纸将模型的基底、建筑物、环境设施等各结构部位按照由下往上的方式进行拼合组织，制作出模型的整体框架。

图4-2-3 板材加工归类

四、局部细节部件加工

在整体框架组合完成的基础上，开始进行局部各个细节部件的加工。局部细节包括基底上的地形变化，水域变化，建筑物门窗细节构造，楼梯、栏杆、道路、亭台、公共设施等。这些局部构件一般都较小，极易折断，因此需按比例徒手通过小件工具辅助加工制作，这一过程需留出充足的时间，并配合足够的耐心来完成（图4-2-4）。

图4-2-4 局部细节加工

五、装饰部位的制作

装饰部位多数是在细节部件上展开的，细节部件的尺度造型加工完成后，需根据装饰的形式对其表面的装饰进行加工制作。装饰形式包括立体的花饰样式、材质肌理图案、颜色变化，等等，针对不同的装饰形式可采取不同的制作方式，或拼组，或粘贴，或涂刷等，不管采用何种制作方法都是为了最大程度仿照还原其真实装饰效果（图4-2-5）。

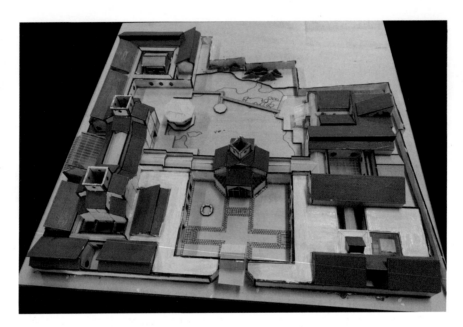

图4-2-5　涂饰上色还原建筑外观

六、组合粘接成型

在整体框架固定，局部细节构件完成和各部位装饰充分后，结合平面图、立面图、效果图图纸，将各个局部细节分门别类地与框架进行组合，具体可依据材料采用钉组、扣合、插合、粘贴等方式组合成型（图4-2-6）。

图4-2-6　组合粘接成型

课后思考

1.列举出模型制作的通用步骤?

2.在模型板面部件的加工环节可按照哪几个类别对部件进行归类?

3.罗列出模型在组合粘接成型环节的组合成型方法。

第三节　模型的制作方法

模型的制作方法是保障模型制作水平的重要途径，是衡量模型效果呈现的主要标准。具体的制作过程不仅要按照步骤和顺序来展开，还应讲究制作的方法和技巧。模型制作的具体方法涉及各类材料的切割、加工方法，构件的接合固定方法，表面处理方法等内容。

一、材料切割方法

（一）板材类切割

模型制作常用的板材有奥松板、PVC板、KT板、有机玻璃板、ABS板、椴木板、纸板、泡沫板等。诸类板材的切割，可采用多种方式展开，通常借助雕刻机、切割锯等切割设备，辅以手工修整完成。

1.奥松板、PVC板、有机玻璃板、ABS板、椴木板等硬质板材

此类硬度稍高且具有一定韧性的板材通常采用雕刻机、带锯或线锯切割。雕刻机雕刻需要将板材固定于雕刻机机床上，然后通过电脑或雕刻机手柄进行控制，按照图纸生成的雕刻路径进行板材的切割。带锯和线锯切割板材是根据板材上所画线型，手动控制带锯和线锯的开关并不断调整板材方向和角度进行切割（图4-3-1）。大型的雕刻机和带锯、线锯都具有一定的速度，切割此类板材首先要保证学生的安全，教师和实验管理员需在现场指导。同时此类具有一定密度的材料因选用设备的切割速度快，极易产生粉尘和飞溅出碎屑，因此切割时需佩护目镜、手套等进行保护（图4-3-2）。

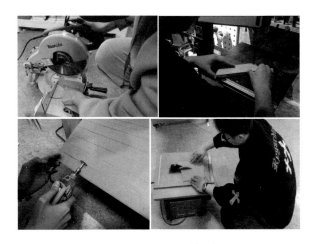

图4-3-1　硬质板材切割

2. 纸板、KT板、泡沫板等轻质板材

此类材料的强度较低，一般根据板材体块的大小以及造型的变化特征，可选择用线锯、拉花锯、各类刀具等进行切割。大块的纸板、泡沫板也可选择手工切割；小块的纸板、泡沫板则选择拉花锯、刀具来切割，根据板材上描画出的切割造型，直接配合线锯或刀具在纸板或泡沫板上切割即可（图4-3-3）。纸板和泡沫板类材料较轻，厚度层次也较多，因此在切割时要选用合适的刀具进行，有厚度且切割面不暴露的可选用齿状类刀具，较薄且切割面暴露需要足够平整截面的可选用片状类刀具。此类材料的切割强度较低，在手工完成时要把握合适的力度，同时最好佩戴有一定厚度的工作手套，以免受伤。

图4-3-2　切割时佩戴护目镜、手套等保护装备

图4-3-3　轻质板材切割

（二）杆材类切割

在模型制作中很多情况下还需要一些杆材来搭配完成造型。杆材有圆杆和方杆类，通常有木材、塑料和金属线类材质，一般选用锯、刀和剪刀来进行切割。

1. 木杆、塑料杆

椴木杆、塑料杆等杆材，可根据杆的粗细采用先刻痕或直接向下按刀，施以下压和轻微的锯动作来进行切割，边缘粗糙的再辅以打磨机和砂纸进行打磨。

2. 金属线和金属杆

金属类的金属线和金属杆，小的金属线可以用剪刀直接切割，如盘状的铜芯线；较硬的金属杆需要用硬质的电工刀，如切割青铜和紫铜管，需要使用小型的钢锯。

3. 孔类制作

在模型制作过程中，很多情况下需要在板材上打孔，孔可以作为简单的造型槽口或插槽负担其他部分，也可以在模型底部为一些承重柱提供刚性链接。

① 插槽：在板材上切出的孔可以产生一个刚性底座插入柱子。这种槽的制作方法通常是将刀深入到想要的深度，然后旋转刀尖，从而产生孔。要注意不能过度切割，否则导致孔的直径过大；若孔是成组出现，每个孔之间要有足够的间隙，以满足有效的承重。

② 打孔：要快速得到孔时，也可以用刀来冲孔，此种方法要求材料要足够厚，过薄的材料难以承受冲力，极易断损。

③ 钻孔：使用电钻钻孔可以提高钻孔速度和保证孔的准确性，这种钻孔方法可以实现在不扩大插入点的情况下钻到较深的深度，还可以进行多层板的钻孔（图4-3-4）。

4. 修剪与整理

在模型制作过程中，大的板材及其杆材切割完成后，还需要对材料进行修剪与整理。

新开口的切割，模型各个块面局部的组合穿插有时需要新的切口去对应，切割时可以利用锋利的刀具直接在模型上一次性切出精确的开口。

修剪与修饰，在组合装配模型块面时，会产生很多需要修剪和修饰的部位，可以运用剪刀和刀具进行修饰。剪刀在修剪凸出的独立杆状部位时，不容易对结合点造成破坏；而刀具在修剪连接点等一些边角位置小面积凸出的部位时有优势，可以直接修剪、切割或是刮掉，从而产生整洁、笔直的切面边缘（图4-3-5）。

图4-3-4　电钻钻孔　　　　　　　　　　　图4-3-5　模型修整

二、材料加工方法

（一）泡沫塑料的加工

泡沫塑料质轻且软，易于加工。在环境设计空间模型制作中，密度结构高的硬质发泡塑料常用来做建筑屋顶等界面的底板，密度结构较粗的发泡塑料，通常用来做模型的底盘、山体等大面积的造型（图4-3-6、图4-3-7）。泡沫塑料一般采用线锯、电热丝切割锯进行切割；用裁纸刀（美工刀）、手术刀、钩刀、锉刀、砂纸等辅助工具进行修整。泡沫塑料做的各模型部件一般用白乳胶、双面胶等黏合。

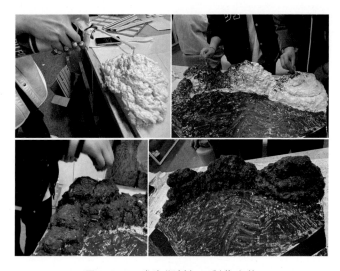

图4-3-6　发泡塑料加工制作山体

图4-3-7　泡沫板加工制作底盘

（二）纸类材料加工

纸类材料包括包装箱纸、吹塑纸、瓦楞纸、装饰纸、卡纸等。包装箱纸有一定的韧性和厚度，可做素色整体模型，也可做模型中建筑的结构造型、地形的层次变化等。包装箱纸的加工也较为方便，可用线锯切割，也可用刀具手工切割，小体块的还可用剪刀直接剪切。切割时根据结构组合要求可以做透切，切成不同的部件，也可用做半切，在厚度面上做一定的切割，但并不完全切透，利用切而不透的方式可以进行90°或其他角度的折弯造型。

吹塑纸、瓦楞纸在模型制作中多用来制作屋面、墙面装饰。制作时可根据吹塑纸、瓦楞纸的颜色和表面肌理，选择不同的工具。制作有肌理变化的屋面、墙面、路面时，可直接采用美工刀或手术刀进行裁切加工。

装饰纸包含仿木纹纸、大理石纸、壁砖纸等各种仿真材料的饰面类纸品。此类装饰纸的加工方法，可先根据装饰面的大小选择美工刀、手术刀，然后结合钢尺进行裁切加工。黏合固定时在装饰纸的背面贴双面胶条或涂白乳胶、UHU胶，使其与被贴板面的边角先轻轻黏合固定，然后用手或其他压力不大的工具从被贴面的中间向外排出气泡铺平，气泡也可用大头针刺透再用手指尖压平。如果装饰面上有门窗，可在贴好装饰纸后用铅笔轻轻画出门窗洞口的位置和尺寸，用钢尺和手术刀结合刻去装饰纸，从而露出门窗造型（图4-3-8）。

图4-3-8　窗户洞口及装饰的制作

（三）有机玻璃板加工

有机玻璃板具有一定的硬度和脆性，可以做很精细的加工，烘软后可以弯曲成型，非常适合用来制作模型中的弧形构件，比如，弧形阳台、天窗、角窗、遮阳雨棚等（图4-3-9）。其加工切割方式简单，可用机械或手工工具进行切割。手工切割可选择钢尺结合美工钩刀进行划刻，划到材料的2/3深度时，将材料的切割缝对准工作台的边缘用力掰压即可。用来制作立方体模型时，可以将黏结的边斜切割修整成45°，这样立方体模型构件会黏结得更加密致。

KT板和透明塑料板的粘接简便，黏剂通常选择丙酮或氯仿溶剂。将黏结溶剂抽入玻璃注射管内，然后轻轻按压将溶剂注在粘接面上，待溶开后立即黏结并施加一定的压力。另外在制作玻璃幕墙时，可将有机玻璃用美工刀的刀背划分墙格，再用浅色的水粉颜料涂在划痕上，然后将有机玻璃擦干净即可。若需要在表面进行颜色处理，可选用调和漆、水粉颜料、丙烯颜料、油画颜料等色料进行涂饰，来获得颜色效果。

图4-3-9 有机玻璃板切割制作透明玻璃阳台

三、构件接合方法

模型制作的各个零部件需要通过一定的接合工艺，才能将其组合成一个整体。在具体的制作过程中，根据材料有多种接合方法，具体有钉类接合、电焊黏合、黏合胶黏合等。

（一）钉类接合

铁钉在环境设计空间模型制作中主要用在沙盘木料类较厚构件的接合中（图4-3-10）。铁钉分圆头钉、家具钉、鞋钉三种。圆头钉多用来连接沙盘木料框架，但钉头难以打进木料表面，打的强度要轻缓。家具钉多用于连接沙盘夹板与框架，钉头容易打进夹板表面。鞋钉呈现棱面，抓力较好，多用于连接沙盘夹板与框架。打钉的方法有两种：平行打钉法与斜钉法。斜钉法比平行打钉法更能钉牢木料。用铁钉连接木料时为了更精准无损伤地钉入可使用钉槌进行轻微的敲击配合。

螺丝分连接螺丝、固定螺丝、木螺丝等，连接螺丝主要用于连接两个或多个部件，使其牢固结合在一起；固定螺丝主要用于将一个部件牢固地固定在一个表面上，使其不松动或移动。连接螺丝和固定螺丝多用在硬度较大且较厚板材介质的固定结合中。木螺丝多由软钢或黄铜制成，主要用于模型沙盘与电器材料中金属配件的固定。木螺丝分埋头螺丝、圆头螺丝、凸头螺丝、十字螺丝。木螺丝的固定必须使用螺丝刀，螺丝刀分一字批和十字批两种。固定木螺丝，一般需先打导孔，然后选择适当的螺丝刀，用力旋紧。

图4-3-10 钉子钉合

（二）电焊焊接

电焊焊接有电烙铁焊接及电焊机、电焊枪焊接。在制作栏杆、电杆、铁塔等构件的模型时，需使用电烙铁焊接。电烙铁焊接要求构件干净，操作时先涂上焊锡膏，然后在两个焊件上上锡，最后焊牢。在制作沙盘不锈钢支架和面罩时还可运用电焊机、电焊枪焊接，注意焊接过程中不要出现裂纹、气孔和夹渣。

（三）黏合胶黏合

黏合胶黏合方法具有工艺简单、操作方便、黏结应力分布均匀、不易变形、绝缘、耐水、耐油、密封等优点。制作环境设计空间模型的材料种类很多，选用的黏合剂与黏结的材料密切相关，因此，只要根据不同材质属性选用合适的黏合剂，并正确掌握黏结工艺，任何材料之间的黏结都可以得到极好的黏结强度（图4-3-11）。常使用的黏合剂有胶水、胶片、热胶水等。

① 胶水连接。根据材料面积大小，借助有一定硬度的纸板等材料边条，将胶水薄而均匀地涂抹在材料上，使胶水成为片状，然后进行黏合。注意胶水的用量要适中，过少会导致黏结面不平整，过多会导致结合处干燥过程太久。

② 胶带连接。胶带具有均匀粘贴的优点，双面胶对于那些需要毫无痕迹的黏结位置，很实用。透明胶，因为撕去时会撕裂带走纸的表面，因此要慎用。

③ 热胶水连接。热胶水具有快速凝固的优点，对于可以快速完成的概要模型和研究模型很有帮助。

④ 防皱喷雾黏合剂连接。轻轻均匀地用一层黏合剂来连接材料。在胶接合过程中应注意不同材料的黏合区别：

木杆，在连接处和结合点的末端涂抹上一点胶水或热胶水。为防止粘到的物品表面，将正在处理的结构放到一旁，或是放在其他不粘的表面材料上。

塑料杆，在刀刃的末端点一滴醋酸盐黏合剂，然后涂抹到结合点上，随后尽快准备好材料完成粘贴。

图4-3-11　模型黏结方法

四、表面装饰加工方法

在环境设计空间模型的制作中，必须对木料、纸料、塑料和金属材料的表面做适当的处理，使其拥有整洁美观的外观色彩和质感效果。

（一）打磨法

木料、塑料、金属材料等都需要经过打磨后才会使表面光滑。材料表面打磨主要选用的打磨工具有砂纸和打磨机（图4-3-12 ）。砂纸分木砂纸和水磨砂纸，木砂纸主要用于木料的打磨，水砂纸主要用于金属和塑料的打磨。打磨机分为平板式和转盘式两种，对于需要光滑效果的模型部件表面位置，常选用平板式打磨机，打磨时可涂少量上光剂，边磨边擦，效果会更好；对于需要改变物体的形状或者进行切割修饰的粗加工部位，进行多余部件的磨削时，常选用转盘式打磨机。

（二）喷涂法

环境设计空间模型部件的美化，可选用的方法是在其表面刷上一层油漆或喷涂一层色料，美观的同时也可以协调各部件之间的色彩。比如，自制地形后涂刷颜料，自制墙面后喷涂多彩墙面，自制屋面彩釉瓦刷手扫漆，自制雕塑、廊亭涂刷色漆等。模型部件的表面若有小孔或缝隙，为达到光滑效果可用填缝剂填平，具体可用油泥、泥子等，干固后用砂纸磨平，再行喷涂。喷涂的材料有手扫漆、自喷漆、磁漆、水粉色料等（图4-3-13 ）。

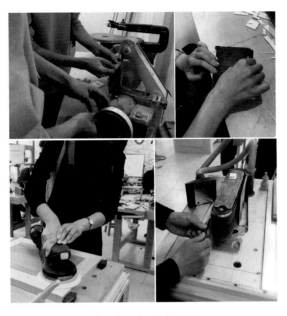

图4-3-12　打磨方法

图4-3-13　喷饰、涂饰方法

（三）贴饰法

环境设计空间模型中路面、墙面、屋面、底座支架的制作，都可采用防火板、即时贴或装饰纸作贴面装饰。贴面装饰的主要材料是贴面板、贴面纸、黏合剂。贴饰时要注意两个方面：一是两个贴合面要平滑光洁；二是黏合剂要填涂均匀，以使贴面无气泡和气孔，粘贴后要适当压平使其贴合。

（四）清洁法

模型制作过程中有大量的纸屑、木屑、灰尘、碎片等粘在模型上，需要及时对这些纸屑、木屑、灰尘、碎片等进行清洁处理，以保证模型表面的整洁。

清洁的方法主要有：

① 吸尘器清洁。使用吸尘器前应先清除废料，使用时要注意通风和间隔休息，以免烧坏电机。吸进的尘屑也要及时清倒，吸尘管要保持顺畅。

② 棉纱清洁。用棉纱沾酒精或松节油后，擦洗模型部件的灰尘、划痕等。

③ 软毛刷或板刷清洁。软毛刷或板刷用于清洁沙盘中局部的碎屑和灰尘。

④ 冷风机清洁。电吹风机选用冷风挡可做模型制作的冷风机，用以吹走沙盘中的碎屑和灰尘。

课后思考

1.模型制作中材料的切割方法有哪些？

2.模型制作中材料的加工方法包含哪些项目？

3.模型的表面装饰加工方法有哪些？

第四节　内视模型的制作方法

　　内视模型是体现建筑内部结构关系、功能组织与装饰效果的一种模型表现类别，日常最为常见的是房地产开发机构售楼部为了展现商品房室内特征而陈列的模型。内视模型可以使观者更为真实地看到建筑房屋内部的结构特点、户型特征、空间组织、门窗与装修装饰等情况，因此，内视模型应从建筑内部把握空间，根据空间的使用功能和特定环境，运用物质材料与艺术表现手法，去展开内视模型的精细制作。

一、内视模型的设计构思

　　内视模型的设计构思内容包括：比例的设计构思，材料的设计构思，结构的设计构思，色彩的设计构思，配景、配饰的设计构思以及面罩的设计构思。

（一）比例的设计构思

　　内视模型因表现的内容较为精细、具体，通常会选用稍大的比例。比例一般根据内视模型的使用目的及实际的建筑面积来确定。比如，单体的内视模型应选择较大的比例，如1∶25、1∶50、1∶100；多个空间组合的内视模型会选择较小的比例，如1∶200、1∶300、1∶500（图4-4-1）。

图4-4-1　比例的设计构思

（二）材料的设计构思

　　材料的选用会影响模型在方案表现上的还原度和模型的展示效果，选材不当，即使方案设计再好，也很难达到理想的效果。材料选择应考虑以下几点。

① 属性特征。选用材料的属性特征包括强度、刚度、硬度、韧性和脆性等，一般来说硬质材料脆性较大，硬度低的材料韧性较好。如做面罩的有机玻璃宜选用硬度大的材料，以提高其弹力和抗弯力。

② 外观特点。外观特点包括材料的颜色、光泽、肌理、质感等，这些特征会对观者的心理需求产生一定影响。材料的外观特点也可靠自身的完善修饰来体现，比如通过镀膜、涂层、贴面、裱糊等表面处理方法可弥补外观材料的某些不足。

③ 加工特点。选用材料时应了解不同材料的加工手段和成型方式，以及材料加工时常出现的问题。如纸裱糊时会折皱、收缩，有机玻璃切割时易断裂等。

④ 物理化学特性。包括材料的重量、摩擦、熔点、热膨胀性、导电导热性、透明度、化学反应、稳定性、耐腐蚀性等，这些因素对模型的保存期及安全展示有一定的影响。

⑤ 经济性。在选用材料时，价格也是要考虑的因素之一。高性价比除了要考虑价格高低外，材料的适宜性也很重要。同时也要注意新材料的开发及废旧和廉价材料的利用，如木牙签、易拉罐、大头针、纽扣、复印画册、旧儿童玩具，使用得当也会收到很好的表现效果。

（三）结构的设计构思

在模型的设计制作过程中，无论是模型框架的结构处理，还是模型的表面装饰处理，都要考虑采取什么样的结构方式。考虑运用何种结构工艺来完成模型设计构思是非常重要的，内视模型制作的结构工艺可运用以下几种工艺手段。

切削工艺：以切割、磨削为主要手段。

锯切工艺：以锯切为主要手段。

刨锉工艺：以刨锉为主要手段。

钻孔工艺：以钻孔为主要手段。

以上四种制作工艺手段，具体如何选择既要根据材料来考虑，也要结合视觉效果来决定。同时可以在内视模型制作中单独使用，也可以混合使用。

（四）色彩的设计构思

色彩是内视模型制作时展现模型整体特征的主要内容之一。

色彩的表现处理是在模拟真实材质色彩的基础上，运用色彩构成的原理，色彩的功能、对比与调和及色彩设计的知识，并融入视觉艺术的运用来表现内视模型的方法。

（五）配景、配饰的设计构思

配景、配饰的设计制作对内视模型整体效果氛围感的表现有直接的影响。配景、配饰的设计及制作表现，目的在于烘托内视模型的空间格调、风格、氛围、条件等基本情况（图4-4-2）。

图4-4-2　内视模型家具配饰

（六）面罩的设计构思

为了更好、更长久地呈现模型的效果，通常会给内视模型制作面罩来防灰、防潮、防损。根据内视模型的体量可考虑制作玻璃罩、透明亚克力罩等。

二、内视模型的制作步骤

（一）制作项目的确定

在模型制作之前，先将制作项目确定下来。如采用现成的建筑图纸时，可根据自己的设计思路进行适当的调整修改，重新绘制平面图、立面图和剖面图并校正，然后按照合适的比例进行缩放。

（二）规格与比例的选择

根据内视模型及周围环境的占地面积，以及内视模型实际的立体尺寸，来确定模型的制作规格大小，然后根据其制作的规格来确定模型制作的比例。常用比例为1∶50～1∶300。

（三）材料的选择

首先确定内视模型的主体材料，即内视模型的墙体、地面、家具的材料。如墙体选用奥松板、PVC板、椴木板、纸箱板、KT板，地面饰面选用石纹纸、木纹纸，家具选用硬纸板、泡沫、塑料、橡皮泥。

（四）色彩的选择

内视模型的色彩要依据设计方案的风格特点来选择，如中式传统风格，整体宜选用较厚重沉稳的颜色；现代极简风格，颜色选择应以中性灰调色彩为主。配饰家具与内墙、地面，内墙、地面与外墙，外墙与外部环境，从细节到局部再到整体，需统一在一个大的整体色调之下。

（五）工具的选择

根据内视模型制作的难易程度，确定要使用的设备与工具。如制作要求非常准确、精致，可选用电脑雕刻机；制作要求一般，则可选用切割机或手工刀具进行模型的制作。

（六）制作成型

所有的准备工作做好以后，就可选用合适的制作方法与工艺，结合图纸精心地把模型制作出来。

三、内视模型的制作方法

（一）墙体隔断制作

内视模型因其用途不同，建筑结构内部空间组织也不尽相同。住宅一般采用单元式（图4-4-3），写字楼一般采用走廊式，商场一般采用敞开式。无论采用何种表现形式，在模型制作中都需按建筑图纸的空间分隔格局位置使用固定墙体隔断，以保证其稳定性和严谨性。

图4-4-3 单元式内视模型

1. 墙体切挖嵌入法

将相应的板材（厚度宜3 mm）按内外墙比例尺寸裁好，并切挖掉门窗及空调洞口位置，嵌入薄型透明有机片或胶片作为门窗的玻璃，然后将各个隔断的墙体，按室内平面图的格局固定结合在一起。

2. 透明墙封贴法

用透明有机片（厚度宜3 mm）作隔断墙体，再用墙纸或有色胶片，在隔断墙体内外两面封墙。封墙前可先切挖好门窗位置，然后再将各面隔墙顶上用墙纸条或胶片条封贴好，来遮盖透明有机片与两面墙纸的接缝。

（二）墙面与门窗的制作

1. 外墙饰面制作

外墙饰面可选用模型专用的过胶墙砖纸、石纹纸等贴饰制作。可选用灰调低明度色彩，图案比例应与整体模型比例协调。

2. 内墙饰面制作

内墙饰面可选用发泡墙纸或细纹绢制作。选用色彩淡雅、图案纹样比例小的饰面纸，以对室内家具陈设形成背景起到衬托作用。内墙的墙裙可选用色卡纸条贴制，装饰木线（挂镜线）可用木制效果的即时贴贴制。内墙装饰壁画可用复印画册中的小风景画、人物画裁剪贴制，四边画框装饰用金属或木制效果的即时贴条（图4-4-4）。

图4-4-4　内视模型的墙画

3. 门窗装饰制作

玻璃门、玻璃窗的制作，可在透明有机片、窗口上用不锈钢效果的即时贴裁成细条贴制窗框、门框。木门，可在门口两面贴上木纹纸装饰，并用细小的白色即时贴条制作。开启的门还应装饰门框的上边与两个侧边。窗台与窗帘盒可用细卡纸条粘贴，窗帘布可选择柔软精细的布料制作。

（三）室内地面制作

地面的制作可以运用不同的材料和色彩，以区分房间的不同用途（图4-4-5）。如公共空间地面用岗纹纸铺饰，以显示花岗石效果；办公室地面用方眼纸铺饰，以显示瓷砖效果；厨房、阳台、卫生间地面用石纹纸铺饰，以显示大理石效果；客厅、卧室地面用石纹纸或木纹纸铺饰，以显示大理石或木地板效果。

（四）楼梯、电梯的制作

1. 楼梯制作

室内楼梯可用白色有机片或岗纹板、木纹板层叠制作（图4-4-6），楼梯扶手可选用牙签、PVC小条来制作，并根据材质颜色进行喷涂上色处理。

图4-4-5　内视模型室内地面

图4-4-6　内视模型室内楼梯

2. 自动扶梯

室内自动扶梯可选用有机片、木纹板层叠制作，然后进行喷涂上色，扶手边可贴黑灰色即时贴条。

（五）室内外立柱的制作

室内内视模型的立柱、横梁与天花一般不用制作与装饰，以显示空间感。但有些公共建筑，如商场、大堂类大空间有立柱需要表现时，可以按建筑立柱的表现方法，贴饰岗纹纸、石纹纸、木纹纸、即时贴表现石柱、木柱、不锈钢柱等装饰效果。

四、室内家具模型的制作

内视模型的家具表现是体现室内空间格局、大小、使用功能、风格特点等方面的重要内容。家具在模型中的表现应与室内的装饰色调相和谐，比例宜小，彰显空间的开阔。制作时应注意以下几个方面。

（一）家具款式与模型材料的统一

从材料层面看，家具有木制家具、金属家具、塑料家具、布制家具、竹制家具、皮革家具、充气家具等，其风格有中式、西式、组合式、活动式等。不论何种材料与款式的家具，均受人体工学的限制，以人使用家具时感到舒适、方便、实用、美观为原则。因此在选配制作家具模型时，需注意家具自身尺度，家具与家具之间、房间与家具之间的高度、长度、深度和开合程度，均要符合人体工学的比例要求（图4-4-7）。

图4-4-7　内视模型室内家具

内视模型的家具款式和材料选择要遵循统一的原则，家具的款式与材料、颜色都应与空间整体格调保持协调。不能因为小就忽略掉协调统一的基本要求，东拼西凑地搭配，会导致场景混乱，降低模型的精致度和档次。

（二）板式家具模型的制作

床、床头柜、组合柜、办公桌等板式组合家具可运用白卡纸、灰纸板类材料制作，既方便又与板式家具的特点吻合。制作时按家具统一的深度将纸板裁成条状，并按家具各个面裁切零部件，最后用胶将各部位黏合起来。如需装饰可先在纸板上粘贴有色即时贴，做好后再在侧边粘贴即时贴细条。

（三）软质家具模型的制作

沙发、软床等软质家具可选用海绵、植绒纸及其他装饰布等材料制作。制作时选用小号裁纸刀按长、短或转角沙发、软床的模型设计图进行切挖，然后按尺寸进行精细加工制作。在粘贴装饰后再用小刀刻划方格，以表现其凹凸感的缝纫线纹。

（四）透明玻璃类家具模型的制作

玻璃柜、玻璃餐桌、玻璃茶几等有透明质感的家具，可用茶色或透明有机玻璃制作。玻璃柜的制作方法，先用有机玻璃片制作出家具框架后，再将黑色或不锈钢效果的即时贴裁成细线，贴在家具的边框及柜门、抽屉的轮廓线上。玻璃餐桌及茶几的制作方法，先在裁好的桌面四边贴上即时贴细线，再用黑色硬质细电线或铁线弯折成桌腿，最后用模型胶把桌面与桌腿黏合在一起即可。

（五）金属钢质家具模型的制作

用自行车钢线、不锈钢线、铁丝、黑色塑料电线制作桌椅腿，并配绒布做的坐垫，或易拉罐铝片做的桌面就可做成钢质扶手靠背椅及桌子模型。

五、室内洁具、厨房设施及电器模型的制作

室内厨房、卫生间及电器设施的制作，能使室内环境与气氛更生动且富有生活情趣，虽然零碎细小，但做成后也别有一番趣味（图4-4-8）。

图4-4-8 内视模型餐厨卫空间

（一）卫生洁具模型的制作

一般卫生间的洁具包括浴缸、马桶、洗手盆三大件，可以用石膏块雕刻或聚酯树脂材料倒模的方法制作，做好后再用白色自喷漆喷饰即可。

（二）厨房用具模型的制作

厨房用具主要有吊柜、煤气灶、洗菜盆、油烟机、餐边柜等。厨房用具可采用纸板做框架，不锈钢效果即时贴贴面装饰及黑色即时贴贴线装饰制作。

（三）家用电器模型的制作

家用电器包括电视机、音响、空调机、洗衣机、电冰箱等。制作这类电器也可以用纸板做框架，喷涂色彩或贴即时贴进行表面处理。如电视机，用即时贴（黑色）贴于做好的方框四周，再找一小张彩色小画面贴于方框正面即可；电冰箱框架制成后可用彩色自喷漆喷涂，再用不锈钢效果即时贴细线装饰把手和边线。

课后思考

1.内视模型的设计构思包含哪些内容？
2.内视模型的具体化制作步骤是什么？
3.内视模型制作方法包含哪些主要项目？

第五节　外视模型的制作

以表现建筑及外部空间环境或地形景观规划类环境设计空间方案效果的模型我们称其为外视模型。外视模型中，建筑为主、环境为辅的建筑空间模型，以体现建筑外部体量、造型、风格色彩与装饰等效果为主，最为常见的有公共建筑模型；以景观环境规划为主的室外景观规划空间模型，以表现地形特征、景观层次、规划概貌效果为主，最为常见的有地形景观模型。

外视模型可以使观者更为直观地看出整体建筑的造型特征或地形景观的层次变化等概貌。因此，外视模型的表现，应以建筑外部造型特征或地形层次变化为核心，根据建筑的特征和景观设计方案，选用合适的材料和表现技巧来展开具体的制作。

外视模型制作中与内视模型相似部分的内容，可参照本章第四节内容，本部分将不再赘述。

一、底盘的设计与制作

底盘的设计与制作是外视模型设计制作的初始阶段。在底盘的设计中除应考虑模型的整体效果外，模型的搬运和展示也是至关重要的。模型底盘是主体模型的基础骨架，建筑楼体的气势、山川河流的蜿蜒都需要依托于底盘才能铺展出来。

（一）底盘设计

模型底盘也称为底座或基座。为方便展示，模型需要有框架或者有一个完整的基座来支撑，同时模型主体与基座也要相互联结。

1. 底盘的形状

底盘有四方形（正方形或长方形）、多边形（规则的或不规则的）、弧形（圆形或随意的曲线）。底盘的形式的设计要依据展示、制作、搬运、包装、地势形状等客观要求来制作。

2. 底盘设计的基本要求

A.协调：底盘作为模型的一部分，与整体效果要协调一致。

B.展示：模型具有展示的功能，底盘也应精致、美观。

C.方便：要方便制作、运输、包装，要具有科学性。

D.安全牢固：材料的选择及结构的设计要保证安全牢固。

（二）底盘制作

模型底盘的制作因制作方法与选用材料的不同而有所区别。可选用的底盘材料种类有：厚木板、厚纸板、KT板、PVC板、泡沫板、复合板、铝塑板、有机板、大芯板、夹板等。

1. 平面底盘的制作

平面底盘一般由结构底板和面板组成。结构底板依据模型整体效果，可直接用具有一定硬度的单层或双层板材制作（图4-5-1），也可以用较厚的泡沫板制作，大型的景观规划模型还可以用铁板制作骨架，上覆以板材固定，需要做玻璃罩的要留出相应的位置。面板上需表示出道路、硬地（人行道、广场等）和绿地（主要是草地）、水体等，其制作方法依据方案设计结合饰面类材质进行表现（图4-5-2）。

面板上各要素的制作方法如下。

① 马路：在平面结构底板上满铺道路颜色的色纸，正面马路贴胶带，沿马路边沿记刻好广场、人行道勾线。

② 人行道：可喷道路颜色色漆，在结构底板上满贴有机玻璃或道路色防火板，有机玻璃喷道路颜色色漆。

③ 硬地：除道路外的硬地和绿地，根据大小裁切色纸用双面胶贴好，喷硬地色漆，干后硬地部分用胶带固定。广场、人行道贴上胶带留出草地。

④ 草地 、水面：草地部分，用卡纸裁出草地造型用胶贴在底盘上，然后在其上刷胶并多次少量地丢洒草粉，制作出草地。水面部分可涂刷蓝灰色颜料，待颜色干透后在其上覆以透明的水波纹流水纹片，或直接放带颜色的仿真水波纹湖水纹胶片，或用水景膏涂制营造水面效果（图4-5-3）。

图4-5-1 平面底盘的制作

图4-5-2 外视模型山地制作

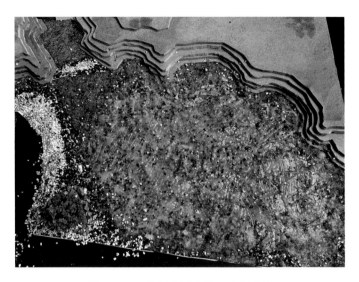

图4-5-3　外视模型草地、水景效果

2. 坡地、山地底盘制作

坡地、山地底盘的结构与平面底盘结构的做法相同，但是相对而言，这类底盘材质的选用要考虑硬度大、受力强的板材。

较平缓的坡地、山地一般选用厚卡纸、包装箱纸等材质，按图纸高度加支撑硬板，弯曲表面做出；较陡峭的坡地、山地选用泡沫板、奥松板、包装箱纸板、发泡胶等材质，用层叠法、拼削法和堆砌法制作出造型。

（1）层叠法。

层叠法就是层层相叠，按模型比例选用与等高线高度相同厚度的材料，裁出每层等高线的平面形状，叠加粘好，做出地形（图4-5-4）。相应的材料有奥松板、吹塑纸（5 mm厚）、卡纸（1.5 mm厚）、KT板。做好后用砂纸打磨掉坚硬的棱角，有草地的在其表面用制作草地的方法制作。

图4-5-4　层叠法制作地形

（2）拼削法。

按照坡地的最高等高线选用相等厚度的泡沫，取最高点向东、南、西、北四个方向等高或等距定位，削出相应坡度，大片坡地可由几块泡沫拼接而成，多块泡沫的黏结可选用白乳胶，方便后续的加减修改。这里需注意的是因泡沫板密度低，遇漆会削化，因此尽量不选择在泡沫板底盘上喷漆制作草地。可选用在泡沫板上涂胶，撒草粉的方法制作草地。

（3）堆砌法。

用较轻质的细颗粒材料拌白乳胶堆砌或用发泡胶层层堆砌制作而成。如有锯木屑，经细丝网筛选后，掺入稀释后的白乳胶搅拌均匀，按等高线逐步堆砌，可直接喷涂色彩，也可在其表层喷滑石粉（调106胶或稀释白乳胶），后喷漆做出草地。此类做法较为烦琐，做出的效果虽生动形象，但不适合在时间不足的情况下选用。

二、色彩配置与配景的设计制作

色彩配置与配景烘托主体模型，形成三维的图底关系，实现模型更有效的展示。

（一）色彩配置

外视模型在色彩配置上可根据方案特征，选用纯色表达或是彩色表达。纯色模型通常直接通过材质的原色来表达，材料多选用白色卡纸、PVC板、奥松板、素色包装箱纸进行制作，纯色模型整体性强，视觉效果独特。彩色模型能更为真实地还原设计方案的真实效果，更好地体现模型的外在性格特征。彩色模型的色彩依托于各类饰面材料来实现，和谐的色彩关系能强化模型本身的艺术感染力。外视模型中无论是独特的纯色模型还是和谐的彩色模型，都能激起观者对美的渴望和追求，使观者心情愉悦（图4-5-5）。

图4-5-5　外视模型色彩

1. 模型主体色彩

外视模型中，建筑为主、环境为辅的建筑空间模型，其主体模型的色彩配置以选用天然形态色彩，接近方案设计效果的材料为主，同时色彩的属性要结合建筑模型的性质来配置。通常情况下，住宅为暖色调或中间色调，公共建筑为冷色调；商业建筑偏暖色调，南方区域偏浅色，北方区域偏深色。不管选用哪一种色彩配置关系，其目的都是为了将模型的特点、情感特征真实地再现出来。

2. 底盘色彩

外视模型中底盘底面上包含广场、铺地、道路、绿化、配景等元素，其地面环境色彩的设计既是为了突出外环境中的建筑主体，也是为了整体环境的协调。地面的色彩在颜色纯度上要比建筑物弱，浅色的建筑选用深色的地面色彩；深色的建筑尽量不选用颜色更深的地面，以避免整体模型的灰暗。为了更好地相互衬托，形成良好的图底关系，可选用浅色地面色彩。

在建筑与地面之间要用介于两者之间的中明度色彩，这些颜色用于紧贴建筑底部的构件上，如花坛、踏步。一般做法，道路比硬地颜色深，而这两种颜色为同一色相或相近明度的色彩，硬地的颜色深度应选用比屋顶颜色略深的相同色，这样可得到与主体相呼应的效果，使整体和谐统一，从而在视觉上强化底盘的稳定感。当需要加强地面的层次感时，可在同一明度里做色相上的区分，如暖灰色硬地、深灰色道路。

人、车等配景在大比例模型中体积小、面积少，颜色上可丰富些，可选用纯度和明度都稍高的颜色；在小比例模型上若配景的数量多，色相应尽量少，并适当选用纯度较低的色彩。绿化颜色在明度上应比地面高，才能使其突出地面，产生一种向上的印象。模型制作中颜色的搭配并不是固定的，应结合建筑物底盘的大小而变化，可根据色彩原理不断尝试，寻求较好的模型色彩关系，更好地展示模型的效果（图4-5-6）。

图4-5-6 外视模型地面元素色彩层次

3. 色彩关系组织原则

（1）统一与对比。

在模型设计制作过程中，色彩的运用要注重模型整体的色调统一，确定模型设计的主调。根据建筑的功能属性和要求来确定模型色彩的主色调，如华丽庄重、柔和淡雅、活泼鲜亮、热烈明艳。

色调是一种调和现象，是色彩共同要素的存在。色相可分暖色调和冷色调；明度可分深色调和浅色调；饱和度可分艳色调和灰色调。色调主要有同类色、邻近色和对比色三种搭配方法。

模型色彩的搭配既要丰富多彩又要和谐统一，但过度强调统一性，常常会使模型色彩单调、平淡且缺少视觉力量。因此，应在整体和谐统一的基础上增添生动的因素，在统一中求变化，形成一定程度的对比关系，在变化中追求色彩的局部亮点。具体的对比方法可以是明度对比、色相对比和纯度对比。对比的程度要依据建筑的属性特征和周围环境特点来确定。色彩关系的运用千变万化，即使是同一色相的颜色也能搭配出多种效果。在模型制作中，可利用不同的色彩明度和材质，加强颜色之间的微妙变化。在不破坏整体统一的情况下，小面积使用对比色做细节处理，可以改变整体的色调。

（2）层次感。

外视模型各部件之间应考虑色彩配置的层次感，各部件的体积大小、高低关系都对色彩配置有影响。体积大的部件，所使用的颜色对整体模型的色调有统摄作用，一般采用低饱和度的柔和色彩作为模型色彩关系中的主色调；而体积小的部件元素及装饰部位对整体模型起对比与点缀的作用，一般采用高饱和度、高明度的色彩。

（3）节奏感。

节奏即有秩序、有规律的重复变化。色彩的节奏感表现，可以做相同或相似色彩有条理的反复组织，塑造视觉上的流动感。既可在建筑与环境的关系中，也可在建筑自身的屋顶、檐廊、墙体、门窗等构件中以及地形、绿化、景观、设施等之间展开。

（二）配景的设计制作

外视模型中的建筑与环境，与景观设计节点之间是相互依赖的，共同作用形成和谐空间环境的特殊氛围。模型设计与制作中的树木、设施、灯具、交通工具、人物等配景都是影响模型风格氛围的元素。配景元素一方面可烘托模型中建筑的主体感，另一方面可加强模型表达的自然化与生动性。

配景制作包括许多因素，如树木、草地、汽车、路灯、行人、道路及小景，在不同的模型中因方案设计和选用比例的不同会各不相同，针对不同的模型选用合适的模型配景元素是模型设计与制作中必须掌握的内容之一（图4-5-7）。

1. 乔木和灌木丛

无论是以建筑为主体的建筑环境模型，还是以地形、景观为主的环境设计模型，都离不开乔木或灌木丛的衬托，缺少了树木造景会使模型显得生硬单调，缺乏体量存在感，借助树木可使模型空间及重点彰显出来。

图4-5-7 外视模型的配景

树木的制作分抽象树和具象树。在任何比例的模型里，常选用树的高度为5~8 m，相当于2~3层楼高，按这个比例制作的树视觉上是比较宜人的。在1∶500或更小比例的模型中，由于树的单体很小，通常选择把树做成抽象形；在1∶250~1∶300稍大比例的模型中，有时为简化树的存在，更好地突出建筑物也会做成抽象形，形状一般表现为球状、伞状和宝塔状。因这类树的直径很小，单独加工制作比较难，可选用生活中常见的项链、木珠、自行车钢珠、铆钉、大头针、螺帽等材料都可成为大小不同的抽象树，如伞状树可用图钉喷漆加工制作。但应注意的是，在选用这些对象制作抽象树时，一个场景中尽量使用同一种类别的材料，最多不要超过三种类别和规格，避免场景琐碎混乱。

具象树的表现方法有多种，可以到专业模型配景材料的店铺购买，也可以用生活中常见的一些材料进行加工制作，如海绵、泡沫、钢丝、钢丝球、纸球、电线、牙签、丝瓜纤维、松果、小树枝等加工修剪后喷涂颜色即可成为非常美观的模型树。

2. 草地

制作草地可选用的材料有草地纸、草粉、绒布、地毯、壁毯、色纸、锯末屑、喷漆、白乳胶、双面胶等。

草地材料在网上店铺很容易买到，比例较大的模型可在店铺购买，然后裁成所需大小和造型，用双面胶或白乳胶黏合在底盘上，铺设出需要的草地造型即可。

比例小的模型，草地可仅以色块表示，可选用喷漆结合比较轻薄的面材来制作。先在木板、有机玻璃、色纸等面材上，喷出想要的颜色，然后修剪出草地的造型，再在底板上进行粘贴即可。1∶1000或更小比例的模型上，草地与其他地面一样，可喷成光面，在1∶500比例的模型上，可在喷漆中加入少许的滑石粉，喷出毛糙的颗粒状，模拟草地的效果。此时加入滑石粉的多少和喷洒的角度，可先在报废材料上进行试验，以保证效果的真实度和各个角度不露底色地完全覆盖。同时在使用喷洒类工具时，最好将模型拿到室外喷洒，且一定要在模型的下面衬托比模型大出2倍以上的废纸，以保证喷漆挥发出的味道不在室内聚集，并避免污染到室内地面和环境。

若选用纸做草地，只需选好色纸的颜色，裁成合适的大小，背面贴上双面胶，贴到底盘上就可以了。色纸与草地纸一样，双面胶必须满贴，不能留缝。

另外，锯末屑也是制作地形草地的一种常用材质，适用于制作各种变化的地形，如不够平整的平地、坡地等位置。选用的锯末屑需颗粒均匀，可先用筛子筛出差不多大小的锯末，并要晾晒使其充分干燥后再用。坡地用软木、泡沫、厚卡纸等做好形状（平地上要留出草地的范围，其他部分用胶带、图纸等物粘贴遮盖），刷上白乳胶，洒上锯末屑，待干后用刷子或吹风机去除多余的锯末，喷上漆就可以了。这种做法操作简单，成本低，质感真实，若有缺损补救也方便，且不受地形的限制，尤其适应于山地和坡地的制作。

3. 路灯、人、小景

在大于1∶300比例的模型制作中，路灯可安置在主干道两边及广场周围，根据设计需要选用高架灯或地灯。地灯可在网上店铺购买各种颜色的彩色珠针。高架路灯用0.5 mm的钢丝或漆包线弯成折线形，两边可以高低不同，也可以一样高，折肩处用502胶粘牢。下部剪成一样高，套入电线塑料套管或吸管中，做成灯础，喷成需要的颜色，并可在灯的顶端横贴一小片吹塑纸充当发光灯片。

模型中的人物可营造出模型场景的参与性氛围，是建筑的关键参照物。人物模型可以购置，也可以用纸板法制作，即将合适比例、高度的人修剪后贴在硬纸板上固定于底盘；如果是抽象概括的人物可以头部、躯干和双腿表示，按比例算出高度后，选用一小段电线套管，上粘一小圆球为头，或漆包线穿出弯折成圆形，下露两截漆包线以表示腿，头、腿为黑色，电线或吸管套管所示身形部位可为彩色。

小景包括雕塑、亭榭、假山、水体、旗杆、栏杆、喷泉和花坛等（图4-5-8），制作方法多样，

图4-5-8　外视模型的小景

可根据需要灵活选材。如亭榭可直接购买，假山可用橡皮泥捏制。小景在模型上起到点缀空间环境、活跃场景气氛的作用，需适度表现，不可喧宾夺主，也不可潦草应付。小景的选材和制作需拓宽思路，要善于从日常生活中发现可用的材料和制作方式。

4.汽车

模型中的汽车多以小汽车为主，实际尺寸一般为1.77 m ×4.6 m 左右。在模型上常按5 m或稍长的尺寸计算制作。

在1∶100、1∶75、1∶50的大比例模型中汽车可直接在玩具店购买，尽量选购造型简洁、颜色单一的，避免过于太花哨，有喧宾夺主之感。其他小比例的模型中汽车可以用有机玻璃制作。汽车由车棚、车身和车轮三部分组成，按照一定的比例尺寸剪裁，或用层叠法粘出车体的骨骼框架，然后在表面画出车前脸及车窗等造型。

另一种快速的方法是以橡皮或橡皮泥为原料，用手术刀或雕刻刀削切而成，先切出车头、车尾，再切出车顶，长度要比所需比例适当放长一些。汽车的颜色不能太多，有暗红、湖蓝、白色、灰色等几种即可，但若是在1∶1000以下的规划类模型中，因为比例过小，可不再做汽车。

课后思考

1.外视模型制作中底盘设计有哪些基本要求？

2.外视模型制作中坡地、山地类底盘的制作方法有哪些？

3.外视模型制作中主要包含哪些类别的配景制作？

思考与练习

1.尝试按照模型制作的通用步骤进行内视模型或外视模型的制作。

2.结合模型制作的实践过程总结出不同类别模型各环节的制作要领。

第五章　模型设计与制作实例

教学目标： 通过本章模型制作实训的学习，学生不但可以学习用综合材料设计制作各种实体模型，了解常用材料及加工工具，熟练掌握模型设计制作的程序及制作工艺，还可以加深对空间概念的理解，提高模型制作的水平。

教学重点： 认识不同模型的制作方法，并掌握模型的基本制作步骤与技巧。

教学难点： 制作过程中对细节的把握。

第一节　园林景观模型设计与制作实例

模型案例： 郑州市上街区东虢湖公园景观模型设计制作。

课题分析： 对郑州市上街区东虢湖公园的现状进行实地调研，同时对东虢湖公园总体景观进行设计规划与制作，考虑用什么材料来表现其空间的各个物件，特殊形状的物件又该用什么样的材料和方法来制作，并根据设计图纸的内容及要求，把握整个模型空间氛围的营造。

比例拟定： 室外模型的制作因为设计方案的场景尺度不一，跨度很大。我们根据本方案模型制作的类型，将比例拟定为1∶150，模型底盘规格定为2000 mm×1000 mm。这样的模型制作相对比较精细，着重表现造型及功能结构。

进度要求： 1~8课时，完成草图和材料准备。

　　　　　　9~12课时，完成材料的基本加工及部件的初坯。

　　　　　　13~26课时，完成精细部件制作和黏结组装的操作。

一、模型案例项目概况

东虢湖位于郑州上街区科学大道旁，湖面西窄东阔呈椭圆状，占地33万平方米（图5-1-1）。东虢湖的命名源于河南省郑州市上街区的地理位置。虢国是西周初期的重要诸侯封国，据《汜水县志》记载：汜水县东上街镇，传为东虢城故址。

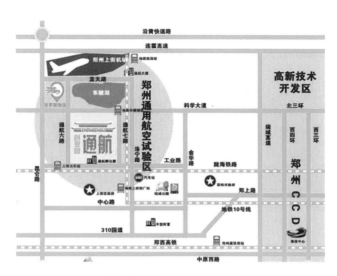

图5-1-1 东虢湖地理位置

二、模型方案的设计构思

　　滨水景观模型分为方案模型与展示模型，本模型为展示模型。以概念方案为母型来演绎正式方案，将"鱼群"进行演化，和总体的景观、功能融合，以统一的概念纲领统领全局，使方案从整体到局部节点都统一在一个设计语言体系之中，形成突出的景观特点。自古以来鱼就是吉祥和谐的象征，这样美好的寓意同样预示着上街区人民的团结、友爱、互助。在方案中，公园主广场的象形鱼、海豚雕塑、被鱼形环绕的小型广场、象征鱼身的道路体系等都体现出了方案的设计主题。方案的表现重点是与四周主干道相连的各个广场入口，广场与各个景观的设计都鲜明地体现了方案的设计元素。在方案构思中将整个公园比拟成水域，每一个景观节点都采用不同种类的鱼来进行铺装，最后将一个个景观节点串联起来形成"鱼群"。如果仔细观察将会发现，方案中四通八达的道路也是一种鱼的图案。整个方案由简到繁，通过一个个简单的鱼而组成一个鱼群，在照应生态环境主题的同时也对上街区的城市理念进行了传承（图5-1-2）。

　　方案整体分为11个功能区域：主广场、观景休息区、儿童游乐区、集会活动区、健身活动区、休闲长廊区、静谧私密区、趣味栈道、喷泉观赏区、老年活动区、停车场。各个区域之间利用象征鱼身的公园道路连接，使得整个公园具有整体性。主广场区域将鱼的形象进行象形化处理，使之更符合公园景观设计（图5-1-3）。

图5-1-2　方案图纸构思

1. 观景休息区
2. 集会活动区
3. 老年活动区
4. 儿童游乐区
5. 趣味栈道
6. 静谧私密区
7. 健身活动区
8. 停车场
9. 休闲长廊区
10. 主广场
11. 喷泉观赏区

图5-1-3　方案设计功能分区

三、模型制作前期准备工作

（一）明确任务、熟悉图纸

首先，小组成员要对图纸进行思考与分析，明确模型制作标准、规格、比例、功能、材料、时间和一些特殊的要求等重要问题，并根据实际面积及主体尺寸，考虑表现效果。其次，确定建筑主体的风格、造型、色彩及材质，确定水体、园路、绿化及建筑小品等的制作材料及色彩，列出采购清单，分配组员进行采购。最后，制订出详细的制作步骤，进行小组成员的合理任务分工。

（二）材料准备

不同的模型制作环境和条件对模型的制作工艺有不同的影响。本方案在没有大型切割机、数控机床的条件下，选用普通材料通过手工工具来加工。手工加工的模型构件虽然没有机械加工的完美，但是我们可以通过对适宜的、便于加工的材料的选择开拓思维，锻炼缜密思考、细致加工的能力。所以，本方案中使用的材料如下。

主材：PVC板、有机玻璃板、有机磨砂玻璃、橡胶条、水纹纸、彩绘纸、灯具、木条、细沙、各种尺寸及色彩的成品绿化植物。

辅材：树脂胶、白乳胶、双面胶、速干漆、石膏粉、树粉、草粉、铁丝等。

（三）工具准备

测绘工具：丁字尺、分规、三角板、直尺、直角尺、圆规等。

裁剪切割工具：切割垫板、单双面刀片、剪刀、刻刀、美工刀、手动线锯、小型切割机等。

打磨修正工具：砂纸、锉刀（金属和木头的平锉、圆锉、平圆锉等）。

机械工具：电热钢丝锯、转盘式打磨机、小型电钻、空气压缩机、电脑雕刻机等。

四、模型制作过程与内容

（一）画线定位

定位是在材料上做位置设定，尤其要表现切割部位的形态和尺度比例，为其后的切割工序奠定基础。在板材上标记切割部位需小心、谨慎。普通型材表面光滑、色彩单一，易做标记，从周边测量即可，但要与型材边缘保持10 mm左右的间距，避免将磨损的边缘纳入使用范围。定位的方式多种多样，可以直接用铅笔在材料上测量绘制，也可以用刻印、拓印的方式，借助打印的图纸资料进行描摹（图5-1-4）。

图5-1-4　材料定位

（二）材料切割

切割模型材料是一项费时、费力的工作。不同的材料具有不同的质地，切割时一定要分别对待。材料的切割一般分为两类：人工手动切割、机器设备切割。在本次模型制作中，选用的主材是奥松板，此板材质地较硬，不容易手动切割，所以选择了机器设备切割。此处用到的是曲线切割机，它能对型材进行任意形态的曲线切割。具体操作为，将打印出来的图纸，放在曲线切割机下，双手持稳型材做缓慢移动，切割出合适尺寸的奥松板底座（图5-1-5），同时再使用ABS板按照图纸切割出模型的底部造型（图5-1-6），并用雕刻工具雕刻出方案中的景观、道路的纹路。

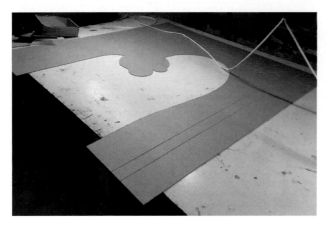 

图5-1-5　底板使用奥松板按照图纸切割　　　　　　图5-1-6　使用ABS板按照图纸切割

（三）模型底盘的制作

模型的底盘需要与外边界线边缘留有80～100 mm的距离，根据本次模型的大小和用途，在材料上选用了物美价廉的三合板。剪切与底板等大的泡沫板，满涂乳白胶，将制作好的底板黏合于泡沫板底盘上，并修整打磨边缘。

（四）水景的制作

水体是各类园林景观模型中经常出现的主景之一，其表现应随其比例及风格变化而异。在制作模型比例尺较小的水面时，水面与路面的高差可忽略不计，用蓝色即时贴按其形状进行直接剪裁，再按其所在部位粘贴即可。

在制作模型比例尺较大的水面时，首先要考虑如何将水面与路面的高差表现出来。通常采用的方法是，先将模型中水面的形状和位置挖出，然后将透明有机玻璃板或带有纹理的透明塑料板按设计高差贴于镂空处，并在透明板下面喷蓝色自喷漆，或贴蓝色卡纸即可。本例中的水景所占面积较大，需先在SU中把每个需要材质的建筑面都提取出来，用PS进行排版，按照1∶150的比例打印出来，将蓝色KT板通过放样，切割出水体的形状，制作出高差。下部附上与底盘规格相等的蓝色KT板以制作出水体的效果，黏合剂为白乳胶（图5-1-7）。

（五）园路的制作

园路的设计相对比较复杂，有主干道、支干道、街巷道等，所以在表现方法上也不一样。园路主干道一般选用素色，将白色0.5 mm厚的赛璐珞片裁成宽1 mm左右的细条粘在道路上，给人一种边石线的感觉。用植绒纸将不是道路的部分垫起来，形成一高一低的层次感，这样道路边界线就是非常清楚的。为了区分主干道和人行横道，可采用色彩鲜艳的即时贴来表现。将设计图进行园路的放样、剪切和后期加工处理，最后进行准确粘贴（图5-1-8）。

图5-1-7　水体形状制作　　　　　　　　　　　　　图5-1-8　园路的制作

（六）建筑小品的制作

建筑小品在模型中往往能起到画龙点睛的作用，在材料的选用和表现深度上要把握好，可以选用多种材料进行表现。本模型广场部分的亭子是选用泡沫板、牙签、KT板、木筷子等来进行制作的。树篱中的亭子则是购买的成品进行直接搭配（图5-1-9）。

（七）地面铺装的制作

广场硬地铺装采用地砖纹纸按图纸的形状剪裁制作（图5-1-10），纹样复杂的拼花地面可以自己绘制，填上不同颜色，或是先剪出纹样图然后喷漆。

图5-1-9　建筑小品的展示　　　　　　　　　　　　图5-1-10　地面铺装的制作

（八）绿地的制作

绿地在整个模型中所占比重是相当大的，其形式多种多样，包括树木、树篱、花坛、色带、草坪等，既要形成统一的风格，又要有所变化，还不能破坏与主体建筑之间的关系。本例中绿地区域主要选用深绿色植绒纸，按图纸的形状将绿地裁剪好（图5-1-11）。选用植绒纸做绿地，要注意材料的方向性，因为在阳光的照射下植绒纸方向不同会呈现出深浅不同的效果。另外，粘贴时要注意黏合剂的选择。

（九）植物的制作

公园中的植物一般包括三大类：乔木、灌木、草本植物。展现的形式有单株树木（花、草）、树篱、花（草）丛、花坛、树池等（图5-1-12）。

图5-1-11　用深绿色植绒纸粘贴绿地部分　　　　图5-1-12　成品树木展示

1. 树的制作方法

在模型制作中，乔木的制作方法既多样又灵活，可根据精细度需求和材料选择进行调整。常见方法是使用海绵材料。它能被塑形成不同大小和形状以模拟树冠，通过染色来反映不同季节的树叶色彩。绒毛或棉花也是一个简便的选择，适合快速制作，颜色可以通过喷漆调整。更自然的做法是利用真实的小树枝作为树干和枝条。此外，塑料或金属丝可以用来创造更精细的树形，而纸张或纸浆则能提供更逼真的效果，尽管这需要更复杂的制作过程。当然，购买现成的商业模型树或使用3D打印技术也是可选的，这些方法能提供高度的自定义和精确度（图5-1-13）。不同的方法各有优劣，选择时要考虑模型的规模、预算和所需细节程度。同时，创造力和对细节的关注在整个制作过程中也至关重要。

2. 树篱的制作方法

首先做个骨架，然后将渲染过的细孔泡沫塑料粉碎，颗粒的大小随模型尺度而变化。在事先制好的骨架上涂满胶液，用粉末堆积。若一次达不到效果，可待胶液干燥后重复进行（图5-1-14）。

图5-1-13　直接使用成品树木展示　　　　　　　　图5-1-14　手工制作树篱

3. 树池和花坛的制作方法

在模型制作中，树池和花坛虽然面积不大，但如果处理得当，将起到画龙点睛的作用。树池和花坛的制作通常融合了细致的设计与巧妙的材料应用，如绿地粉、大孔泡沫塑料、木粉末和塑料屑。首先，确定它们的位置、形状和大小，接着选择适合的基底材料，如纸板、泡沫板或木板，根据设计裁剪成相应形状。对于树池，重点在于模拟土壤或草地的效果，通常会进行涂色处理，并可添加小石子或模型草以增强真实感。然后在其中安置制作好的模型树木，确保它们被稳固地固定。至于花坛，除了基底制作和涂装，还会填充如小石子、彩色沙子或模拟植物等材料来模拟花坛的内部，最后安置上精心制作的模型植物，如花朵和灌木。在这个过程中，对细节的精心处理和对整体视觉效果的考量至关重要，目的是创造出既美观又逼真的模型树池和花坛，使其成为模型中的亮点。

（十）增加灯光效果

在路边和广场中制作路灯作为配景。在广场中选用了人造项链珠和其他不同的小饰品配以其他材料，通过不同的组合方式，制作出各种形式的路灯。下面就路灯的制作方法之一进行简单的论述。

首先，需要一个大头针，这将成为路灯的主要结构。用钳子轻轻地弯曲大头针的上半部分以形成路灯的顶部。这一步骤需要一定的细致度和准确度，以确保路灯顶部的形状既平滑又真实。接下来，找一小段塑料导线的外皮，用来模拟路灯的基座，将这段塑料导线的外皮套在大头针的尖端，固定好。这样，路灯就有了一个稳固的基座，同时也增加了路灯的立体感和真实感。这种方法制作的路灯既简单，成本低廉，又能有效地模拟出微缩的路灯形态，非常适合用在各种尺度的建筑模型中。制作完成的路灯可以根据模型的布局，放置在道路旁或者其他适当的位置，为模型添加逼真的城市街道氛围。这种手工制作的路灯，每一盏都是对细节的精心呈现，不仅实用，而且增加了整个模型的视觉吸引力（图5-1-15）。

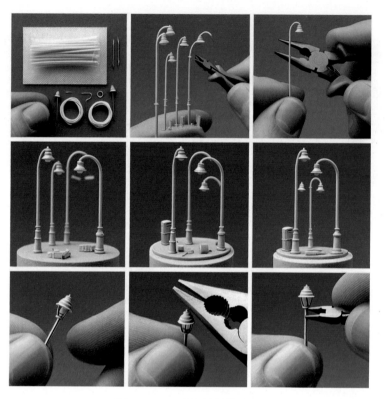

图5-1-15　路灯的制作步骤

（十一）其他配套物品制作

1. 指示牌、信息栏

指示牌、信息栏的制作要注重其比例关系和造型特点。一般以PVC板、小木杆作支撑，以其他板材作示意牌等。指示牌或信息栏上的图形先在计算机中绘制，打印后粘贴到厚纸板上即可。

2. 家具、人物、车辆

这类构件的体量小，细节丰富，形象比较鲜明，手工制作的难度较高，且意义不大，直接购买成品即可（图5-1-16）。

图5-1-16　粘贴购买的成品汽车模型

3.制作标题栏

布置完毕后，要模型内外进行整洁清理，并通过观察整体的视觉效果，对总体进行修整。最后制作标题栏，并进行拍照存档（图5-1-17至图5-1-20）。

图5-1-17　模型俯视效果展示

图5-1-18　模型局部细节展示

图5-1-19　广场细节图展示

图5-1-20　灯光夜视效果

课后思考

1.罗列在模型制作中常见的制作工具及其特点。

2.介绍模型制作的工具在模型制作中的应用领域。

第二节　建筑单体模型设计与制作实例

模型案例： 佛宫寺释迦塔（应县木塔）模型制作

实训目的： 通过本案例使学生正确把握单体模型制作的基本方法及步骤。

模型艺术处理： 该模型重点突出建筑主体，整体模型制作比较精细，材料选择、制作工艺方面都相当讲究，色调处理也比较精致，整体做到了艺术上的对比与协调的统一。

进度要求： 1~4课时，熟悉图纸和材料准备。

　　　　　　5~12课时，完成材料的基本加工及部件的初（粗）坯成型。

　　　　　　13~26课时，完成精细部件制作和黏结组装。

一、模型方案概况

佛宫寺释迦塔位于山西省应县城内西北隅，俗称应县木塔（图5-2-1）。应县木塔作为中国建筑瑰宝，其艺术价值主要体现在木塔外观、塔内彩塑以及壁画、藻井、匾额等。本案例主要从木塔外观着手表现应县木塔的不朽与神奇。

图5-2-1　应县佛宫寺释迦塔

二、模型制作前期准备

（一）建筑模型的整体规划

建筑模型是在建筑环境设计的基础上展开的，以三维的空间形态来体现建筑环境，表现方式相对平面设计而言较为独特。首先，需要对建筑模型有一个较为整体的把握。

通过建筑平面设计图纸把握建筑的形体、结构走向。学会理解图纸设计的意图，尽量用三维的观念去理解图纸，如果缺乏空间观念，就很难制作出令人满意的模型作品。

其次，从建筑主体的外观、形状、风格、色彩及构造入手，把握主体建筑模型的用料及施工工艺，并根据主体建筑的制作构想进行其他附属建筑及周围环境的制作构思与设计。在整体把握上，我们应尊重原始设计的意图，运用对比统一的设计原则进行设计规划，设法完整地体现设计者的设计理念。面对设计图纸，我们应尽量客观对待，不能随意加大或减小建筑构件的尺寸。

（二）熟悉图纸，确认任务

通过对图纸的分析，要明确所制作模型的要求、比例、功能、材料等。木塔由基座、木质塔身、铁质塔刹组成，底部半径为15.135 m。木塔建立在中间为实土的砖石基座上，基座分两层，下层方形，上层八角形。在八角形台基座上布置内槽柱、外檐柱以及副阶前檐柱，且所有的柱子之间相互连接构成框架，增强稳定性。墙的下部是砖砌裙墙，转角增设一根柱子，柱间用厚墙填充，保证结构的稳定。整座塔看起来为五层六檐，俯视呈八角形。塔刹高11.77 m，由两大部分组成。下部是砖砌的二层仰莲，高2 m，半径约1.82 m。上部由覆钵、相轮、仰月、宝珠这几个部分的铁质部件组成。木塔塔身是中国传统楼阁式建筑，五层的塔身中设计有四层暗层，所以全塔算起来共有九层。

（三）模型制作方案构思

对于主体建筑的模型表达，我们应该强调表达的准确性。准确性不是要求我们对模型的每个细节都表达得非常充分、面面俱到，而是要抓住建筑本身的主要特征。对于无关紧要的琐碎部件可以做整体处理，否则制作出的模型很可能会过于零乱，不能很好地表现建筑本身。

模型制作主要表现应县木塔的外部结构，因此，塔内的部分结构可有选择地进行简化，塔内的雕塑也没有表现。木塔可分为几个部分去做：基座、塔身、斗拱、屋檐、塔刹、内部支撑结构。

（四）模型制作比例构思

对于模型比例的把握在整体的规划设计中也是非常重要的。制作者需要根据平面图纸的面积尺寸来进行相应的合理设置，否则比例过大或过小都会影响模型的表现效果。根据本案例的实际面积及主体尺寸，比例确定为1∶50。

（五）模型制作材料准备

模型的制作主要材料为木材，经过对比与分析，选择松木作为模型材料。松木颜色较为干净，木纹条理，硬度适中，稳定性较高，价格适中。木建筑中榫卯结构运用非常广泛，但本次模型制作由于时间原因，且模型体块较小以及重点表现的在于外部整体，因此没有加以运用，而是主要通过502胶水瞬间黏结，再辅以白乳胶进行巩固。

（六）模型制作工具准备

由于条件限制，本次模型制作无法采用比较精细化的器械，因此模型部分稍显粗糙。模型全程制作过程中使用工具如下：铅笔、针管笔、美工刀、橡皮、直尺、三角板、钢尺、卷尺、手钻、小型切割机、502胶水、白乳胶等。

三、建筑模型的制作过程

（一）搜集资料

木塔塔基分两层，底层是不完整的方形，每条边的边长为南39.50 m，北41.87 m，东41.06 m，西40.15 m，为使模型看起来较为工整，定为42 m去做，模型的尺寸为84 cm；高1.62 m，模型的尺寸为3.24 cm。上层阶基八边形直径为35.47 m，取36 m，模型尺寸72 cm；高2.01 m，模型尺寸4.02 cm。柱子统一为直径1.2 cm的圆木柱，塔身51.14 m，模型尺寸102.28 cm。塔刹11.77 m，模型尺寸23.54 cm，模型制作中整座塔高为133.6 cm（图5-2-2）。

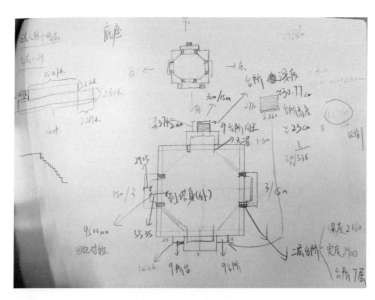

图5-2-2　塔基规划图纸

（二）建筑主体的制作

1. 塔基实体制作

木塔两层阶基，经过计算，直接定做整块松木板作为基座，两块松木板之间用白乳胶进行黏结。

月台又与两块阶基之间相连接，增加牢固性。上层八边形阶基，由于无法定做八边形，因此，定做了正方形，然后经过计算测量，用切割机切出了一个八边形（图5-2-3）。

2. 制作一层塔身

在建造一层塔身时，使用松木板来围合结构。为了确保塔身与塔基连接稳固，以及调整松木板与塔基之间的垂直对齐，使用了木条作为连接件。这些木条不仅增强了连接的稳定性，还可以帮助调整木板的垂直度。此外，在木板之间使用圆木柱进行黏结，可以提高结构的整体稳定性。在建造过程中，一个常见的问题是松木板可能会发生轻微变形。为了解决这个问题，并确保木板整体平整，也可以在木板的上边缘和下边缘都黏结木条。这样不仅有助于抵抗变形，还使整个塔身结构更加坚固和平整（图5-2-4）。

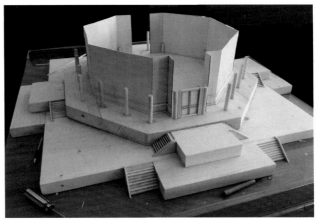

图5-2-3　塔基实体　　　　　　　　　　　　　图5-2-4　一层塔身

3. 制作木塔檐

在中国古建筑中，屋檐是一大特色，尤其是木塔的塔檐，其飞阁流丹的效果对整体美观至关重要。制作木塔屋檐的过程可以分为以下几个步骤。

首先，需要构造塔檐的骨架。这是塔檐制作的基础，决定了其形状和结构。需要根据释迦塔特有的塔檐形状和尺寸来设计骨架结构，这通常涉及绘制详细的设计图纸以确保所有尺寸和角度的准确性。接着，选择合适的材料，一般是木条或细木棒，它们须具备足够的强度和柔韧性来形成所需的弧度。根据设计图纸精确切割木材后，开始组装基本框架，这个过程中可能会遇到一些复杂的角度和接合点，需要非常仔细地操作。随后，使用适当的黏合剂将木条或木棒黏结在一起，形成稳固的骨架，这一步骤可能需要用到夹具或其他工具以保持各部分在正确位置直到固化。最后，完成基本骨架后，还需对其进行细化和完善，以确保外形美观且符合释迦塔的设计要求（图5-2-5）。整个制作过程需要极大的耐心和精确操作，以确保制作出的骨架不仅美观而且坚固，为后续的屋檐制作提供坚实基础。

其次，使用木条拼成弧面。在制作具有弧度的塔檐时，需要通过精细的工艺使用木条来拼接形成弧形面，这样可以使塔檐更贴合古建筑的风格。选择合适的木条，并根据塔檐设计图纸上的尺寸进行精确测量和标记。接着，使用锯子沿标记线精准地切割木条，保证拼接时能够完美对接。为了形成所需的弧度，木条可能需要通过热处理或湿润处理来弯曲，或者使用特定工具进行物理弯曲。在黏结之前，先进行试拼装以确保所有木条能顺利拼接，并形成连续且平滑的弧面。然后，使用强力木工胶将木条黏结在一起，过程中可能需要用夹具或胶带固定木条，直至胶水干燥。黏结后，对塔檐表面进行打磨和修整，确保表面光滑无瑕。最后进行检查和必要的调整，确保制作出的弧形塔檐符合设计要求，从而使整个模型更加精致和逼真。整个过程中，精确的测量和细致的手工操作是至关重要的（图5-2-6）。

图5-2-5　塔檐的骨架

图5-2-6　塔檐拼成弧面

再次，黏结塔檐骨架与塔身。在连接制作好的塔檐骨架与塔身时，首先需要使用木条作为连接介质。具体操作时，将木条黏结在塔檐骨架上，这一步是为了提供一个稳固的接口以便将塔檐固定在塔身上（图5-2-7）。黏结完成后，再将这些带有黏合剂的木条小心地夹入塔身上已经预设的木条之间（图5-2-8）。这个步骤的关键在于确保木条之间的紧密结合，从而增大黏结的接触面积，确保塔檐与塔身之间的连接更为稳固。整个过程需要细心和精准的操作，确保每一块木条都能正确地放置并固定，以确保塔檐的整体结构稳定且持久。通过这样的精细工作，塔檐骨架和塔身之间的连接不仅牢固，而且在视觉上也更为协调和美观。

图5-2-7　木条与骨架黏结

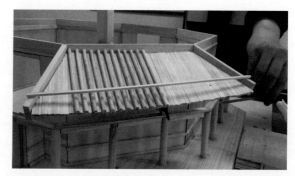

图5-2-8　木条夹在塔身的木条中

最后，造出塔檐的弧度和层次。在制作塔檐时，为了造出其特有的弧度和层次，一种有效的方法是结合使用细圆木条和细方木条。首先，利用细圆木条的韧性来形成塔檐的基本弧度。这些圆木条因其柔韧性较好，更容易弯曲成所需的曲线形状。一旦弧度形成，接下来的步骤是在这个弧形骨架上使用细方木条进行排列和铺设，从而创建出塔檐的表面。这些方木条不仅为塔檐提供了实体面，还帮助增强整体结构的稳定性。

为了进一步丰富塔檐的视觉效果和层次感，分别在塔檐的上面和下面添加额外的圆木条和小方木条。这些木条的添加不仅增加了塔檐的细节和丰富度，也增强了其立体感和美观度。整个过程既考验工艺技巧，也体现了对古建筑风格的深刻理解，使得塔檐展现出古典建筑的魅力和精细（图5-2-9至图5-2-11）。

图5-2-9 制作塔檐的层次

图5-2-10 塔檐完成效果

图5-2-11 俯视塔檐内部结构

4. 制作上部塔身

在制作应县佛宫寺释迦塔模型的塔身上部时，选择使用松木条相垒接的方法来构建。这是因为松木板本身的厚度不足以支撑结构，且易于发生变形，而且其边缘处理起来也较为困难。相比之下，松木条在这些方面表现更佳，同时也更容易创造出塔身逐渐向内收缩的视觉效果。具体操作步骤如下：

首先，选择松木条。根据塔身的具体尺寸和设计，精心挑选出合适尺寸的松木条。这些松木条需要具有适宜的长度和宽度，以确保它们能够准确地拼接起来，形成塔身的整体结构。选择时，还需考虑到木条的质地和直度，以保证塔身的稳定性和美观度。挑选完毕后，根据塔身设计的具体要求，可能需要对松木条进行一些初步加工，如切割、打磨或形状调整，以便它们能够更好地适应塔身的结构和形态。这个过程需要精确测量和谨慎操作，确保每一块木条都符合设计要求，为后续的垒接和拼接步骤打下坚实基础。通过这样的准备和加工，松木条将成为塔身构建中不可或缺的部分，为塔的整体造型和稳固性提供关键支撑。

其次，开始垒接。这一步骤要求非常精确地对齐每一块木条，确保它们之间的接缝紧密，无明显缝隙。在垒接过程中，特别注意松木条之间的水平和垂直对齐，以保证塔身结构的整体直度和美观。

垒接时，每一层木条都需精准放置，确保每一层都与下一层紧密结合，形成稳固的连接。这里可以使用专业的木工胶来固定木条。同时，为了增强结构的稳定性，需要在某些关键接合点或内部添加额外的支撑或固定装置。

垒接过程中，不断地检查和调整是必要的，以确保整个塔身的上部结构既稳固又美观。这种细致的垒接工作不仅保证了塔身结构的牢固，也让塔身的外观更加贴近历史原型，展现出释迦塔独特的古典美（图5-2-12）。通过这种精心的垒接和调整，松木条逐渐形成了释迦塔模型的上部结构，为后续的细节装饰和完成打下了坚实的基础。

再次，制造塔身的收缩效果。在制作应县佛宫寺释迦塔模型时，为了再现塔身向上逐渐收缩的典型结构，需要巧妙地调整松木条的排列方式和角度。这个过程中，重点在于如何使每一层的松木条比下一层稍微内缩，从而逐步形成塔身的收缩效果。开始时，先在塔身的底部层按照设计图纸准确排列松木条，确保这一层的基础坚实并且水平。随后，对上一层松木条的外围轮廓进行细微调整，使得每一层的松木条都比下层稍微向内收缩，这可能涉及对每一块松木条进行精确的切割和角度调整（图5-2-13）。

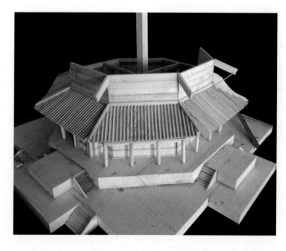

图5-2-12　二层塔身

图5-2-13　塔身制作过程

这种向上逐渐收缩的结构不仅在视觉上更具古塔特色，而且还有助于增强整体结构的稳定性。在整个制作过程中，需要不断地检查和调整松木条的位置和角度，确保塔身的每一层都能够顺利过渡，无不和谐的突变。通过这样精细的排列和调整，松木条逐渐形成了具有明显收缩特征的塔身结构，这不仅增加了模型的美观性，也让它更加符合释迦塔的历史原型。完成后的塔身将展现出典型的中国古建筑风格，使整个释迦塔模型更加栩栩如生。

最后，拼接圆木柱和松木条。在应县佛宫寺释迦塔模型的制作过程中，将圆木柱和竖直排列的松木条进行精细拼接是为了增强每层塔身平台的结构稳固性，并且丰富塔身的细节和层次感。这个步骤主要涉及将圆木柱巧妙地嵌入松木条构成的塔身结构中。先根据塔身每层平台的设计，确定圆木柱的位置和数量。接着，精确地测量和切割圆木柱，确保它们能够完美地适应与松木条之间的空间。

在拼接前，对松木条进行适当的加工，形成用于固定圆木柱的槽口或接合点。然后，将圆木柱精确地放置到这些预设位置上，使用专业的黏合剂或固定装置确保圆木柱与松木条之间的连接牢固。在整个拼接过程中，不断调整圆木柱的位置，以确保它们与松木条之间的接缝紧密且整齐，从而增强整个塔身结构的稳定性（图5-2-14）。

同时，这种拼接方式还为塔身增添了丰富的视觉效果和层次感，使得释迦塔模型不仅在结构上稳固，而且在外观上也更加精致和吸引人。通过精心的规划和细致的手工操作，这一步骤成功地将圆木柱和竖直的松木条结合在一起，为塔身每层平台增添了细节的同时，也保证了整体的坚固和美观。

5. 内部支撑结构

本次模型制作采用中心柱木结构来起稳定作用，中间的方木柱起主要构架作用，与塔基之间又用三角形木板来增加接触面（图5-2-15）。木塔内部每层都以不同的方式用松木条连接中心柱与塔身，增加木塔的牢固性（图5-2-16）。

图5-2-14 多层塔身完成

图5-2-15 塔中心柱

图5-2-16 塔内部支撑结构

6. 斗拱

因为斗拱的比例相对较小，在制作过程中，发现采用手工制作的方式难度系数较高，且精细度较差（图5-2-17），所以，此部分先用3D软件制作出斗拱的样板模型（图5-2-18），并用CAD软件将每一个部件排版（图5-2-19），然后用专业的激光切割方法，制作出对应的零部件（图5-2-20），再把这些零部件进行拼接，最终制成一个个斗拱。由于是激光切割，斗拱都带有黑色纹理，装到木塔上更加富有层次感（图5-2-21、图5-2-22）。

图5-2-17 斗拱草模

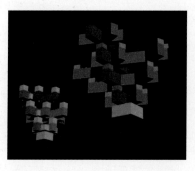

图5-2-18 3D制作斗拱模型

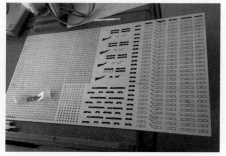

图5-2-19 斗拱排版

7. 塔刹制作

塔刹由刹座、仰莲、覆钵、相轮、仰月以及宝珠等部分构成，仰月与宝珠用铜制工艺品取代，刹座、仰莲、覆钵、相轮则用松木块雕刻制作。为了使刹座与中心柱连接得更牢固，在刹座底部加粘木条，进一步巩固（图5-2-23）。至此完成塔刹制作（图5-2-24）。

图5-2-20 激光切割斗拱部件

图5-2-21 斗拱拼装完成

图5-2-22 安装其余部位的斗拱

图5-2-23 刹座制作

图5-2-24 刹座制作完成效果

8. 门窗制作

在制作木塔模型时，为了确保其牢固性，门窗的制作采取了一种特别的方法：使用结实的木板作为基底，然后在这些木板上精心贴上已经雕刻好的窗花和门的装饰（图5-2-25）。这种方法不仅增强了门窗的结构强度，也大大丰富了模型的细节和美观度。在进行粘贴门窗的过程中，特别需要注意的是黏合剂的用量控制。过多的黏合剂可能会导致模型表面出现污渍或破坏雕刻细节的美观。因此，在粘贴过程中要小心地施用黏合剂，确保门窗牢固地固定在木塔模型上，同时保持整体的清洁和精致。通过这样的细心处理，木塔模型的门窗不仅在结构上稳固，而且在视觉上也更为吸引人，增加了模型的整体观赏价值。

图5-2-25　门和窗的制作细节

9. 增加灯光效果

灯光可以模拟夜间模型的特殊效果、增强模型的感染力吸引观众的注意力等（图5-2-26）。模型发光材料可以选用发光二极管、指示灯泡、光导纤维等。本案采用的是发光二极管，它价格低廉，电压低，耗电少，体积小，发光时无升温，适于表现场景中的点状物体。

图5-2-26　增加灯光效果

10. 标题栏制作

在底座的合适位置书写标题栏，也可以另作标题栏摆放在底座合适位置。无论哪种做法，标题栏中都需要标明模型名称、比例、制作人及制作时间等相关信息。最后进行整体调整，完整的模型就制作完成了。

四、模型成果展示

在模型制作进入最后的精细阶段时，我们对这件精致的木塔模型进行了细致的打磨和严格的检验，确保每个部分都达到了制作标准。其整体结构及精美的细节，都在诉说着这座木塔模型所蕴含的艺术价值和工艺美（图5-2-27至图5-2-38）。

图5-2-27 模型整体效果呈现

图5-2-28 斗拱局部细节展示1

图5-2-29 斗拱局部细节展示2

图5-2-30 塔身栏杆细节展示

图5-2-31 栏杆细节展示

图5-2-32　基座整体效果展示

图5-2-33　门和匾额细节展示

图5-2-34　窗户细节展示

图5-2-35　柱子细节展示

图5-2-36　其他附件细节展示

图5-2-37　模型仰视效果

图5-2-38　模型整体效果展示

课后思考

1.以应县木塔的制作为例，列举建筑单体类模型的建筑主体制作包含的项目。

2.在应县木塔的实例制作中，木塔屋檐的制作过程可以分为哪几个步骤？

第三节　室内空间模型设计与制作实例

模型案例： 悦慢小院三室两厅居室设计模型制作

课题分析： 参考现有的室内设计图纸，在做了适当的调查后重新进行绘制，校正后按比例微缩。在绘图时，要强调平面和立面的对应关系及尺寸的把握。

比例规格： 简约家装模型制作根据户型大小与换算定位，选用比例为1：30，底盘规格定为1000 mm×1000 mm。

校验调整：模型全部做好后，要根据图纸进行校验，不符合要求的地方进行修改调整，直至达到要求为止。校验合格后，用清洁工具进行清理，不允许有加工的碎料、污垢、灰尘等残留。

进度要求：1~4课时，熟悉图纸，准备材料。

5~12课时，完成材料的基本加工及部件的初（粗）坯。

13~26课时，完成精细部件制作和黏结组装的操作。

一、模型方案项目概况

本方案设计名为"悦慢小院"，属于中等户型，建筑面积为127 m²（图5-3-1）。按照甲方的需求，在方案设计中不仅需要制作出室内的部分，同时还要将室外的庭院景观表现出来，得到完整的效果展示（图5-3-2）。本户型在模型设计阶段将以现代简约风格表现为主。

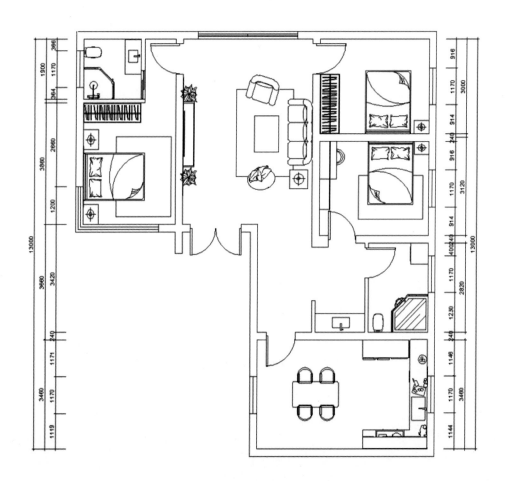

图5-3-1　悦慢小院三室两厅平面图

图5-3-2　悦慢小院庭院景观

二、模型制作前期准备工作

（一）模型制作方案计划拟定

动手制作模型之前先明确制作小组成员的分工，并拟定模型制作计划如下：

第一周：完成图纸调整工作，选择购买工具与材料。

第二周：完成主体与门窗部分的制作。

第三周：完成家具与陈设部分的制作及模型细部的完善与组装。

（二）模型制作方案整体构思设计

首先参照所提供的室内空间图纸，结合专业知识确定适宜本户型的用户，继而确定设计风格，然后对其原始设计图进行适当的调整，形成自己的设计图。

（三）模型材料运用的设计构思

材料是模型构成中一个重要的因素，它决定了模型的表面形态和立体形态。根据本次室内模型的特点，我们选用了以下材料。

主材类：纸板、有机玻璃板、塑料板、白色ABS板等；

辅材：即时贴。

（四）模型制作工具的运用

在模型制作中，一般操作都是用手工和半机械加工来完成的，因此工具选择尤为重要。在本次室内模型制作中，根据制作需要，需要用到以下工具。

测绘工具：三棱尺、游标卡尺、模板等；

裁剪、切割工具：勾刀、裁纸刀、45°切刀等；

黏结工具：UHU胶水、热熔胶、双面胶等；

打磨工具：细砂纸。

（五）分析整理图纸

现代家装的空间设计较为简洁大方，平面一般按比例缩放到合适范围内即可，立面则全部为直线、直角切割。各部分比例统一，建筑墙体均匀、窗结构符合标准尺寸。我们可以通过CAD或者手绘的形式对图纸进行梳理，将立面的各个部件与平面图结合，进行编号拆分（图5-3-3）。

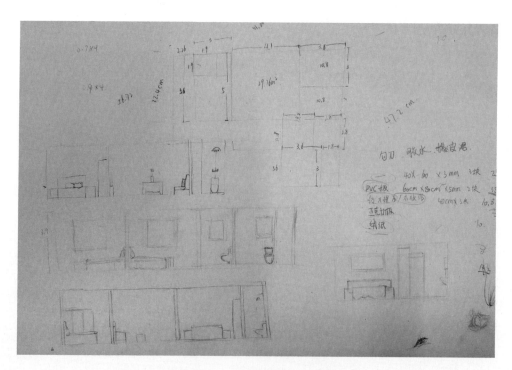

图5-3-3 手绘各部分的拆解图

三、模型制作过程

（一）图纸放样

首先，利用CAD软件从室内空间的设计中导出各种视图，包括平面图、立面图以及可能需要的剖面图。

随后，将这些图纸按1：30的比例缩放。为确保线条清晰度和细节的可见性，应使用高质量的打印机打印这些图纸。打印完成后，将图纸装裱到一块预先切割好的白色ABS板上。在装裱过程中，使用胶水将图纸平整地粘贴在底板上，并注意避免气泡或皱褶的出现。

在装裱好的图纸上，用精细的标记工具在底板上绘制出墙体和其他结构的具体位置（图5-3-4）。这一步至关重要，它为后续模型的制作提供了精确的位置参照。在制作多层室内模型的情况下，还需要对每一层的图纸进行同样的处理，以确保每层图纸都能在整个结构中准确地定位。

（二）地面铺装效果制作

地面铺装效果既可以采用自制方法来满足模型的个性化需求，也可以选择购买现成的木纹纸或砖纹纸等材料。虽然自制地面铺装纹理可以提供更多定制选项，但过程相对烦琐。因此，在本次模型制作中，我们选择使用现成材料，这是一种更为常见且效率较高的方法。下面是地面铺装效果的具体步骤：

① 图纸打印与规划：将室内模型的CAD地面图纸按照制作模型的比例（1：30）进行打印。同时规划出哪些区域使用木纹效果，哪些区域使用砖纹效果。

② 材料选择与准备：根据打印出的图纸，选择相应的木纹纸和砖纹纸。将这些纸材按照打印图纸的尺寸精确裁剪（图5-3-5），裁剪的时候要小心，确保每一块纸张都能精确匹配模型中的相应区域。

图5-3-4　墙体位置刻画

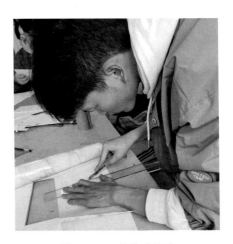
图5-3-5　裁剪砖纹贴

③ 底板准备与材料粘贴：在模型的底板上标记出不同的铺装区域，这有助于在粘贴时保持精确的布局。在底板的适当位置涂上一层均匀的胶水，然后按照设计布局逐一粘贴裁剪好的木纹纸和砖纹纸。从模型的一端开始，逐步向另一端铺设，确保每块纸张都平整且紧密地贴合。

④ 细节调整：使用裁纸刀和细砂纸，对接缝和边缘进行精细处理，确保所有材料之间的过渡自然且整齐。

（三）主体墙面制作

主体墙面和地面制作的步骤基本相似，如设计、材料选择、切割和粘贴，这些相似的步骤也反映出模型制作的统一风格和技术要求。但在对墙面和地面的具体处理上也有一些明显的差异，特别是在开口和组装的制作上，下面讲述具体的墙面制作步骤：

① 材料选择：墙面通常采用轻质且易于加工的材料，如白色KT板和PVC板。这些材料便于切割和塑形，适合精细的模型制作。

② 切割材料：使用精确的切割工具，如勾刀和裁纸刀，按照打印出来的墙体图纸精确切割墙体形状（图5-3-6）。使用美工刀时要尽量一次刻成，以避免边缘毛糙和不整齐。在切割墙面的接口时，采用斜面切割，这样可以使模型组装时更加精致和紧密（图5-3-7）。

 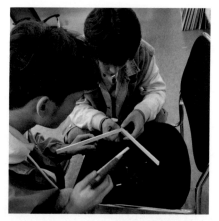

图5-3-6　裁剪墙体　　　　　　　　图5-3-7　用热熔胶对接接口

③ 制作开口：在墙体上预定位置用裁纸刀精确切割出门窗等开口，并使用细砂纸进行细致调整，确保开口的尺寸和位置准确无误。

④ 组装墙面：将切割好的墙面部件根据设计图逐一组装，使用热熔胶进行固定（图5-3-8）。在组装后仔细检查所有接缝是否紧密，并确保墙面平整，以保证模型外观的整体效果达到预期标准（图5-3-9）。

图5-3-8　墙体连接处固定

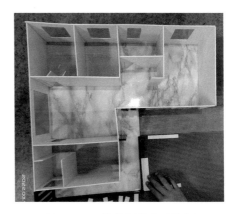

图5-3-9　墙体制作完成效果

（四）门窗制作

门窗模型是室内模型制作中一个精细的环节，制作的关键在于精确地模拟实际门窗的比例和细节。以下是门窗模型的制作步骤：

1. 门的制作

制作室内模型中的门时，首先需要准备门的图纸，并将其缩放至与模型比例相同的尺寸，确保所有尺寸与模型的比例相匹配。然后，将缩放后的图纸打印出来。

接下来，选择合适的材料，如ABS板材，并根据模型的尺寸要求切割出相应尺寸的门板。然后在板材表面均匀涂抹一层胶水，将裁剪好的图纸小心平滑地粘贴上去，确保没有气泡或皱褶产生。

这样，就可以制作出与室内模型比例相符合的门，为模型增添更多的细节和真实感。

2. 窗户的制作

首先根据设计图纸的窗户尺寸，使用尺子和标尺准确测量窗户的高度和宽度。然后根据测量得到的尺寸，在ABS板上标出窗户的轮廓，将材料切割成相应窗户的尺寸，将切割好的材料组装成窗框，使用UHU胶黏合，确保窗框结实稳固。再根据窗户尺寸，使用剪刀沿着标出的轮廓线将透明塑料片剪切成与窗户尺寸相匹配的形状。确保剪切线条平直，尽量保持整齐。将制作好的窗玻璃放置在窗框内，使用UHU胶固定，确保窗玻璃牢固不易脱落。最后，将制作好的窗户粘贴到模型的相应位置，确保窗户与模型的其余部分融合自然。

（五）家具制作与固定

家具模型可以自己动手制作也可以选用成品模型，具体的制作步骤如下。

1. 露台躺椅的制作

首先，将雪糕棒截成合适的长度以便制作成躺椅的各个部分，然后通过黏合剂将它们连接起来形成稳固的框架。背部的雪糕棒是倾斜粘贴的，模拟真实躺椅的倾斜角度，提供一个逼真的外观。然后将椅面喷涂上黄色的丙烯颜料，让整个模型看起来更加生动（图5-3-10）。

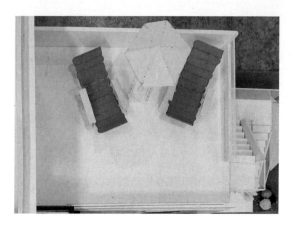

图5-3-10　躺椅模型制作

2. 室内柜子的制作

首先，根据模型比例和柜子的预定位置，绘制柜子的设计图纸，包括正面视图、侧视图和俯视图，确保所有的部分都能准确地拼合。其次，根据设计图纸的尺寸，使用勾刀切割出柜子的各个部分，包括侧板、顶板、底板和门板。切割后的边缘可能会略显粗糙，用砂纸轻轻打磨，直到边缘平滑。将切割好的板材用UHU胶精确组装起来。最后，将完成的柜子模型放置在设计的室内环境中，进行展示或做进一步的装饰。

3. 室内床的制作

首先，绘制床的设计图纸，包括床头、床尾、床边以及床底板的详细尺寸和样式。使用三棱尺精确测量材料，标记出裁剪线。用裁纸刀和45°切刀等工具，精准地裁剪出床的各个组成部分。将切割好的部件用UHU胶黏合，形成床的基础框架。按照设计，固定床头和床尾部分，确保它们与床边框架结实地连接。组装好后用细砂纸进行打磨，以确保所有的表面和边缘都光滑，没有毛刺。检查组装后的床模型，确保所有部分都固定得当，没有松动或歪斜的情况，必要时进行调整或重新粘接。

（六）楼梯的制作

首先在电脑上细化楼梯的设计，包括台阶的高度和深度，以及栏杆的高度和位置，确保所有的比例符合设计要求。根据设计图，在泡沫板和亚克力板上标记好需要切割的尺寸和形状。使用切割刀沿着标记切割泡沫板，制作出楼梯的每个台阶和楼梯的侧面结构。同时按照标记精确切割出栏杆和侧板的亚克力板部分，将切割好的泡沫板台阶部分逐一黏合，形成楼梯的连续步面，将切割好的亚克力板作为栏杆和侧板粘贴到楼梯的相应位置，楼梯的制作就完成了（图5-3-11）。

图5-3-11　楼梯局部细节

（七）其他部件的制作

在制作好软装配饰和床上用品后，可以通过添置一些打印好的装饰画来进一步增强空间的氛围。床上的格子被、抱枕以及装饰画，为室内营造了舒适的居家氛围。室外的绿化区域，如草坪和精心设计的园艺布局，为模型增添了一抹盎然的生机。通过这些细致的布置，使室内模型展现出了一个简约而完美的家居环境（图5-3-12）。

图5-3-12　其他部件完成效果

（八）庭院配景制作

在本案例中除了表现建筑本身外，环境配置的好坏，对整个建筑模型也有着至关重要的影响。环境的配置包括道路、绿化、路灯、车辆、水面和建筑小品等，能够体现建筑环境、情调的相关人文主题。

如何选择好相应的材料，制作好环境配置中的各种物体，并以丰富多彩的艺术形象来展示原建筑设计中的整体构思，是接下来的重点制作内容。

1. 草坪

用来制作草坪的材料有绒纸、砂纸、表面有肌理的色卡纸和可用于自制草坪的粉末等。本案例中用的是仿真草皮。按照图纸的形状将若干块绿地裁剪好，按其具体部位进行粘贴。在粘贴时，一定要把气泡挤压出去，挤压不尽时，可用大头针在气泡处刺上小孔进行排气，这样便可以使粘贴面保持平整（图5-3-13）。

2. 树木

树木是绿化的一个重要组成部分。在我们生活的大自然中，树木的种类、形态、色彩万千，要把大自然中的各种树木浓缩到不足盈尺的模型中，就需要模型制作者有高度的概括力及表现力。树的形状一般为球形、伞形和宝塔形。由于此方案中树的表现较少，且直径不大，自己动手加工制作比较困难，因此选用了市场上现成的产品（图5-3-14）。

图5-3-13　草坪模型效果　　　　　　　　　　图5-3-14　树木模型

（九）模型整体调整

① 室内模型制作全部完成后，要再次对照原始设计图进行检查，对不符合要求的地方进行修改调整。

② 检查室内各装饰陈设是否摆放整齐与正确，保证造型美观。

③ 检查合格后清洁整个模型内外，制作好标题栏，摆放在底盘合适位置，整个模型制作完成（图5-3-15、图5-3-16）。

图5-3-15　模型整体效果展示1

图5-3-16　模型整体效果展示2

课后思考

1.简述室内空间模型制作的基本步骤。

2.在室内空间模型制作的模型整体调整环节，通常要调整哪些内容？

第四节　城市规划沙盘模型设计与制作实例

城市规划沙盘模型是城市规划模型的一种具体实施方式，用于三维展示未来的城市发展和规划。这种模型通常体量庞大，能够直观地表现城市的多个方面，包括交通体系、绿地面积、住宅区、商业区以及城市公园等。沙盘模型采用体块化的表现手法，以便清晰地识别不同的城市区域和功能布局。

由于城市规划沙盘模型的制作涉及范围广、比例小、内容丰富，因此对制作者的专业要求较高。在制作前，需要对建筑风格、景观布局、灯光效果和色彩方案进行严谨而周密的设计，确保模型不仅能真实地还原城市的现实状态，也能有效地展示未来的发展蓝图。

鉴于学校的教学资源和工具有限，本章节将仅对城市规划沙盘模型的常用材料和基本制作方法进行简单介绍，帮助学生在现有条件下，理解和掌握城市规划沙盘模型的基本概念和制作过程。

一、城市规划沙盘模型的表现方法

（一）等高线沙盘模型

等高线沙盘模型主要用于展示地形的高低变化。这种模型的特点是通过层层叠加的等高线来表现山丘、谷地等自然地形。

制作方法：用等高线制作模型时，要事先按比例做成与等高线符合的板材，沿等高线的曲线切割，粘贴成梯田形式的地形。在这种情况下，所选用的材料以软木板和苯乙烯纸为方便，尤其方便的是苯乙烯吹塑纸板，可用电热切割器切割成流畅的曲线。

（二）水面沙盘模型

水面沙盘模型着重于展示水域与陆地的关系，适用于河流、湖泊或海岸线的规划展示。建筑沙盘模型中水是经常出现的配景之一。不同的沙盘模型，水面的表现不一样。总的来说，水面模型都是根据建筑沙盘模型的风格和比例来制作的。那么，沙盘模型中水面制作的方法都有哪些呢？下面我们来一一讲述。

制作方法：在制作建筑沙盘模型比例较大的水面时，需要考虑水面和路面的高度差。一般通常采用的方法是，先将底盘上水面部分进行漏空处理，然后将透明有机玻璃板或带有纹理的透明塑料板按设计高差贴于漏空处，并用蓝色自喷漆在透明板下面喷上色彩即可（图5-4-1）。用这种方法表现水面，一方面可以将水面与路面的高差表现出来；另一方面透明板在阳光照射和底层蓝色漆面的反衬下，其仿真效果非常好。

在制作建筑沙盘模型比例较小的水面时，水面与路面的高差就可以忽略不计，可直接用蓝色即时贴按其形状进行裁剪。裁剪后，按其所在部位粘贴即可。

另外，还可以利用遮挡着色法进行处理。其做法是，先将遮挡膜贴于水面位置，然后进行漏刻。

刻好后，用蓝色自喷漆进行喷色。待漆干燥后，将遮挡膜揭掉即可。真水与3D动感水面也是高端沙盘的选择方法之一，这种制作方法对于沙盘的展示能起到非常好的效果。

（三）卡纸沙盘模型

制作卡纸沙盘模型是一项精细而有趣的手工艺活动，涉及不同类型的卡纸和技巧的应用。首先，卡纸的选择非常重要，因为不同的卡纸有不同的用途和效果。例如，单层白卡纸常用于草模制作，而双层白卡纸更适合做成正式模型；灰卡纸能够很好地表现出混凝土的质感，而彩色卡纸则可用于展示不同的装饰面（图5-4-2）。

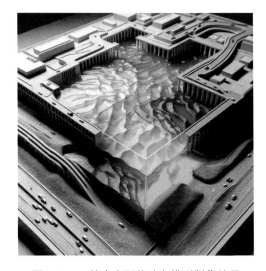

图5-4-1　较大水面的沙盘模型制作效果　　　　图5-4-2　卡纸沙盘模型效果

在具体的制作过程中，精细的处理方法可以极大地提升模型的外观质量。例如，在墙体的连接处，通常会直接将墙体垂直黏合，但这样会使外立面只能看到一面墙。为了避免这种情况，可以在黏合前将两面墙的接触部位切成45°角。这可以通过使用刀具直接切出45°角来实现，或者使用专门的45°切割器来获得更加精确和美观的接缝。

另外，当需要切割圆形或弧形时，有一种特别的技巧。使用拇指、食指和中指夹持刀具，以小指作为支点，让刀具绕着小指指尖旋转。同时，用无名指控制刀锋的走向，可以切割出平滑的弧线。这种技巧需要一定的练习，但一旦掌握，就能显著提升模型的整体效果和精细度。

（四）木板沙盘模型

使用木板制作沙盘模型时，可以充分利用轻木材柔软而粗糙的质感及其加工的便利性，创造出各种不同的表现效果（图5-4-3）。在切割薄软木材时，推荐使用薄形刀具以实现精准切割，并在处理细小部分时小心使用安全刀片，确保精细和安全。为了增加木材的强度并使切割更稳定，可以在木材下贴上一层赛璐珞透明纸带。在选择木板时，0.7~2 mm厚的航模木板是一个不错的选择，因为它既轻便又具有足够的强度。需要注意的是，在切割过程中要考虑到木纹的方向，尤其是在垂直于木纹方向切割时要避免用力过猛，以防木板损坏。通过综合考虑和细致操作，可以有效地使用木板制作出精美的沙盘模型。

图5-4-3　木板沙盘模型的细节表现

二、沙盘的制作工艺与流程

（一）设计与规划

设计与规划是沙盘模型制作的起始阶段，这个阶段的核心在于明确沙盘模型的主题和规模，并通过草图来规划其布局和内容。

首先，确定沙盘模型的主题至关重要。这个主题可能是城市规划，展现一个新开发区域的布局，或者是景观设计，描绘一个公园或花园的详细景观。在建筑展示的情况下，沙盘可能专注于展示一个特定建筑的设计和周围环境。

确定主题之后，接下来是规模的设定。规模不仅关系到沙盘的物理尺寸，还包括细节的程度。一个大型项目可能需要更大的空间和更多的细节，而小型项目则可能更注重特定区域的精细展示。

完成主题和规模的确定后，便进入草图绘制阶段。这个阶段需要将想象中的沙盘转化为可视化的草图。草图不仅展示了沙盘的整体布局，还包括了各个元素的位置、大小和形状。在城市规划的草图中，可能需要标示出建筑物、道路、绿地和公共设施的位置。而在景观设计的草图中，则需要描绘出不同种类的植被、水体、小径等布局（图5-4-4）。

草图阶段是一个迭代过程，可能需要多次修改和调整。在此过程中，设计者可能会考虑到实际的建筑规则、景观特性和功能需求，确保沙盘不仅美观，也要实用。此外，草图也是与客户沟通的重要工具，可以帮助客户更好地理解项目的视觉效果，并提供反馈和建议。

（二）材料与工具的准备

在沙盘模型的制作过程中，材料准备是一个关键步骤，它涉及选择适合项目需求的各种材料和必需的工具。这个阶段的核心在于确保手头拥有所有制作模型所需的元素，从而能够无缝地进入构建阶段（图5-4-5）。

图5-4-4　沙盘模型在草图阶段的规划表现　　　　　图5-4-5　制作沙盘模型的材料和工具

开始时，需要根据模型的类型和设计细节仔细挑选材料。不同的材料能够呈现出不同的质感和效果，因此要根据模型的特点来选择。例如，卡纸由于其易于切割和塑形的特性，常用于制作建筑模型的细节部分。木材因其坚固和易于加工的特点，适合用于构建模型的基础结构。塑料和金属则常用于那些需要更精细或具有现代感的部分。选择正确的材料不仅能够提升模型的整体质感，还能在后期的加工中节省大量时间和精力。

与材料的选择同等重要的是工具的准备。一套完整的工具箱对于制作高质量的沙盘模型来说是必不可少的。这包括用于切割和塑形的刀具，如精细的模型刀和切割板，用于组装部件的胶水和黏合剂，以及用于测量和规划的尺子和直角尺。此外，颜料和绘画工具也非常重要，它们用于给模型上色，增添细节和质感。

整个材料和工具的准备过程是一项细心而有条不紊的工作，它确保了模型制作能够高效且准确地进行。拥有恰当的材料和工具，可以使模型制作者在构建过程中发挥最大的创造力和技能，制作出既美观又准确的沙盘模型。

（三）基底制作

在沙盘模型的基底制作阶段，目标是创建一个坚固和适宜的底座，这将是整个模型的基础。通常会使用木板或泡沫板来构建底座（图5-4-6），因为这些材料既坚固又易于加工，非常适合作为模型的基础。

图5-4-6　沙盘模型的基底制作

首先，需要根据模型的大小和重量选择合适尺寸和厚度的木板或泡沫板，以确保它们能够承载上面的模型。例如，一个大型的城市规划模型可能需要一个较厚的木板底座来保证其稳定性，而一个小型的景观设计模型则可以使用较轻的泡沫板。

接下来是在这个基底上制作地形地貌。这一步骤是为了模拟真实世界中的自然和人造地形，如山丘、河流、道路及其他地形特征。根据设计草图，使用切割、雕刻和粘贴等工艺来塑造地形。例如，可以使用雕刻刀在泡沫板上雕刻出山丘和谷地，或者切割木板来形成道路和建筑物的轮廓。

这个过程要求精确和细致的手工技艺，以确保地形的形状、高度和位置与设计草图中的规划相匹配。同时，也需要考虑到未来添加的建筑物和其他元素，确保它们能够平稳地放置在这个基底上。

（四）主体建筑模型及配套设施制作

在沙盘模型的建筑模型和细节处理阶段，目标是构建出逼真的建筑物、道路、桥梁等结构，并通过添加各种细节元素，如树木、车辆、人物等来增强整体的真实感和生动性。这个阶段要求高度的精确性和对细节的关注，旨在创造出一个既精确又富有生命力的微缩世界。

首先，制作建筑物、道路和桥梁等模型，这是一个涉及切割、组装和精细化处理的复杂过程。这些结构不仅需要按照设计图纸精确制作，而且还要确保它们的比例、形状和位置准确无误。建筑物可能需要使用卡纸、木材或塑料等材料，通过精细的切割和组装来构建。道路和桥梁则可能需要额外的塑形和细化，以确保它们的结构和外观尽可能接近真实（图5-4-7）。

图5-4-7　沙盘模型的建筑构建

随后，为了增强模型的真实感和视觉效果，会添加一系列的细节元素。树木、灌木和其他植被可以通过不同颜色和质地的材料来制作，创造出自然的外观。车辆和人物模型是增加城市或景观场景活力的关键元素，它们需要被精确地放置在适当的位置，以反映真实环境中的活动和互动。

这一阶段的成功实施，不仅体现了模型制作者的技术水平，还展示了他们对创造逼真场景的承诺和热情。通过细致的建筑模型制作和细节处理，沙盘模型变得栩栩如生，为观众提供了一个精细和逼真的微缩世界。

（五）上色与装饰

在沙盘模型制作的上色与装饰阶段，目的是通过色彩和各种装饰元素来增强模型的真实感和视觉吸引力。这个阶段是整个制作过程中非常关键的一部分，它使模型从一个简单的三维结构转变为一个生动、细致的微缩世界。

首先，对模型进行上色是一个精细的过程，不仅要遵循设计图纸上的指示，还要考虑到真实世界中材料和元素的颜色。例如，建筑物可能需要根据其实际的外观进行上色，道路和人行道则需要使用不同的灰色或黑色调（图5-4-8）。这一步不仅增加了模型的视觉深度，还能帮助观众更好地理解模型的设计意图。

图5-4-8　对模型进行上色

接下来，景观装饰的添加是为了赋予模型更多的生命力和细节。这包括在模型中添加草坪、树木、水体甚至是微型灯光。草坪和树木可以用不同颜色和质地的材料来模拟，以创造出自然的外观。水体如小湖或河流，可以通过透明或半透明的材料和涂料来实现。目前在模型中，灯光常采用的显示光源有发光二极管、低电压指示灯泡、光导纤维等。首先要进行灯光设计，其次要注意在制作好的模型底盘上留出安装电源线的孔，然后就可以进行效果灯安装，可先安装建筑内部效果灯，再安装建筑外部效果灯，最后安装环境和道路灯等。

整个上色与装饰的过程不仅需要艺术感和细致的手工技巧，还需要对色彩和材料的深刻理解。通过精心的上色和装饰，一个沙盘模型就可以被赋予生命，变得栩栩如生，为观众提供一个引人入胜的微缩世界。

（六）组装与整合

在沙盘模型制作的组装与整合阶段，重点在于将所有独立制作的部件合并到基底上，并进行细节上的调整，以确保模型的整体协调性和一致性。这个过程是将之前所有分散的工作汇集在一起的关键步骤，对于模型的最终效果至关重要。

开始时，每个独立制作的部分，无论是建筑、道路、树木还是其他装饰元素，都会被精确地放置到基底上。这需要非常精确的定位和稳固的黏结方法。例如，建筑物需要放置在精确的位置上，以确保它们与整体布局和设计草图保持一致。道路和人行道也需要与周围的建筑和景观元素紧密结合，以创造出一个连贯和逼真的模型。

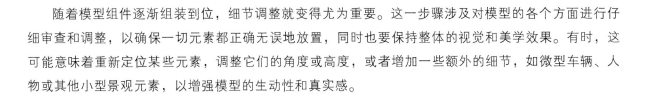

随着模型组件逐渐组装到位，细节调整就变得尤为重要。这一步骤涉及对模型的各个方面进行仔细审查和调整，以确保一切元素都正确无误地放置，同时也要保持整体的视觉和美学效果。有时，这可能意味着重新定位某些元素，调整它们的角度或高度，或者增加一些额外的细节，如微型车辆、人物或其他小型景观元素，以增强模型的生动性和真实感。

（七）最终检查与展示

在沙盘模型制作的最终检查与展示阶段，是确保模型质量和准备好向观众展示的关键步骤。这个阶段不仅包括对模型进行彻底的检查和必要的修正，还涉及将这件艺术作品呈现给公众。

首先进行全面的检查，包括审视模型的每一个角落和细节，确保每个部分都按照设计被正确地制作和放置。这个过程中可能会发现一些小错误或遗漏，如颜色不匹配、部件位置不准确或缺少某些细节。在这一阶段进行修正是至关重要的，因为它直接关系到模型的整体质量和视觉效果。

完成了必要的修正之后，就要进行展示了。展示沙盘模型是一个令人激动的时刻，它标志着长时间努力的成果终于得以呈现。展示可以在不同的场合进行，比如在建筑展览、教育场所或其他公共空间。在展示时，模型通常被放置在一个方便观众观看的位置，有时还会配上解释性的文字或图表，帮助观众理解模型的内容和设计理念。

整个检查和展示过程不仅是对模型质量的最后确认，也是一种与观众沟通和分享创作成果的方式。这个阶段的成功执行，不仅能展示出模型制作者的技能和对细节的关注，还能提升观众对模型和其所代表的设计理念的理解和欣赏。

课后思考

1.城市规划模型的表现方法有哪些？
2.简述沙盘的制作工艺与流程。

思考与练习

1.按比例制作模型场景中所需要的树木、草地、水纹、路灯、家具等基本配景。
2.进行室内模型的制作，并将制作的模型配景融入到整体场景中。

第六章　模型的拍摄与展示

教学目标： 了解模型的展示方式，熟悉不同模型的拍摄要求，培养同学们模型的效果展示能力和动手实操能力。

教学重点： 模型拍摄角度、摆放位置的选择。

教学难点： 掌握模型的最佳展示效果。

第一节　模型的拍摄

一、模型拍摄角度

模型拍摄的效果取决于拍摄角度，拍摄角度又由拍摄的目的来决定。不同的拍摄角度，会展示出不同的设计主题和内容。比如，平视角度拍摄会展示模型的正面形象，俯视角度拍摄会展示出模型的全貌及周边的环境背景情况（图6-1-1、图6-1-2）。

图6-1-1　平视拍摄1

图6-1-2　俯视拍摄1

（一）平视拍摄

平视拍摄是拍摄点与拍摄对象的视平线基本一致，平视拍摄效果比较接近真实的情况，所带来的模型展示感受是真切客观的（图6-1-3、图6-1-4）。因此，这种拍摄角度在实践中得到广泛的运用。

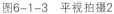

图6-1-3　平视拍摄2　　　　　　　　　　　　　　图6-1-4　平视拍摄3

（二）俯视拍摄

俯视拍摄是拍摄点高于拍摄对象，俯视角度适合表现规模比较大的模型，如模型的鸟瞰图（图6-1-5）。俯摄角度拍摄出来的是比较广阔的全景效果，模型里面的人物、动物等一些道具配景会显得比较渺小。俯视角度是在展示模型拍摄效果时，会经常用到的拍摄角度，能反映模型各个设计部分的关系（图6-1-6）。

图6-1-5　俯视拍摄2　　　　　　　　　　　　　　图6-1-6　俯视拍摄3

（三）仰视拍摄

仰视拍摄是拍摄点低于被拍摄对象，仰视角度拍摄出来的模型效果，可以将建筑物展示得更高大、挺拔、高耸，但如果仰视角度把握不恰当，则容易产生严重变形，损害模型的形象（图6-1-7）。

图6-1-7　仰视拍摄

二、拍摄光源的使用

在进行模型拍摄时的用光主要有两种：一是自然光线，一是人工辅助光线。

在室内进行拍摄时，如果室内光线不足，可选用聚光灯或者闪光灯等人工辅助光源进行拍摄。用人工辅助光源拍摄时要将灯光照射的方向与模型形成45°角，这样展示出来的模型拍摄效果立体感较强（图6-1-8）。

运用自然光源进行拍摄时需要到室外，要选择光线比较好的天气，根据太阳的方向调整模型的朝向（图6-1-9）。

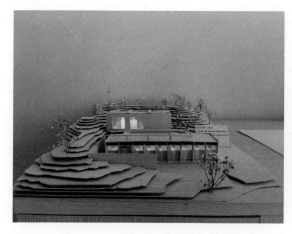

图6-1-8　室内人工辅助光源拍摄

图6-1-9　室外自然光源拍摄

三、模型背景的处理

要想拍出理想的效果，除了模型主体外，背景的衬托也非常重要。简洁的背景可使模型更加突出、抢镜，背景纸可采用深色衬布或白色的卡纸（图6-1-10）。

借助室外的自然景色做环境背景进行拍摄时，可将模型摆放于草坪之中（图6-1-11），或者有真实建筑或漂亮花卉（图6-1-12）的背景，建筑模型会跟实景中的物体融合在一起，渲染整个模型的展示效果（图6-1-13）。无论选用哪种背景都要根据拍摄模型作品的需求进行拍摄及构思设计。

图6-1-10　背景衬布处理拍摄

图6-1-11　借助草地做背景拍摄

图6-1-12　借助花卉做背景拍摄

图6-1-13　借助自然环境做背景拍摄

课后思考

1. 结合模型的拍摄目的，总结模型的拍摄角度和方式都有哪些？
2. 拍摄光源有哪些，模型的背景怎么处理？

第二节　模型的展示

经过漫长而又辛苦的设计与制作，一套精美的模型终于完工了。最后要把它最完美的效果通过灯光、周边环境、道具充分展示出来（图6-2-1至图6-2-4）。

图6-2-1　借助灯光进行模型展示1

图6-2-2　借助灯光进行模型展示2

图6-2-3　借助灯光进行模型展示3

图6-2-4　借助环境进行模型展示

课后思考

1.模型作品效果展示的要素有哪些？

2.模型作品效果展示的方法是什么？

思考与练习

1.尝试从模型的拍摄目的对一组建筑模型进行不同角度的拍摄。

2.根据所学模型作品效果的展示要素对一组建筑模型进行效果展示。

参考文献

[1] 安明，张伟宁，张曌地. 建筑模型与沙盘制作[M]. 上海：上海交通大学出版社，2018.

[2] 刘俊. 环境艺术模型设计与制作[M]. 长沙：湖南大学出版社，2011.

[3] 褚海峰，黄鸿放，崔丽丽. 环境艺术模型制作[M]. 合肥：合肥工业大学出版社，2007.

[4] 李敬敏. 建筑模型设计与制作[M]. 北京：中国轻工业出版社，2001.

[5] 郎世奇. 建筑模型设计与制作[M]. 3版. 北京：中国建筑工业出版社，2013.

[6] 李映彤，汤留泉. 建筑模型设计与制作[M]. 2版. 北京：中国轻工业出版社，2013.

[7] 李斌，李虹坪. 模型制作与实训[M]. 上海：上海交通大学出版社，2013.

[8] 易泱，向敏洁，吴军. 模型设计与制作[M]. 石家庄：河北美术出版社，2016.

[9] 刘清丽，戴蕾，李明. 模型设计与制作[M]. 哈尔滨：哈尔滨工业大学出版社，2018.

[10] 芦原义信. 外部空间设计[M]. 尹培桐，译. 北京：中国建筑工业出版社，1985.

[11] 赵会宾，张立，刘金敏. 环境设计模型制作与实训[M]. 南京：南京大学出版社，2016.

[12] 朴永吉，周涛. 园林景观模型设计与制作[M]. 北京：机械工业出版社，2006.

[13] 刘宇. 建筑与环境艺术模型制作[M]. 沈阳：辽宁科学技术出版社，2010.

[14] 陈祺，衣学慧，翟小平. 微缩园林与沙盘模型制作[M]. 北京：化学工业出版社，2014.

[15] 黄源. 建筑设计与模型制作：用模型推进设计的指导手册[M]. 北京：中国建筑工业出版社，2009.

[16] 科诺，黑辛格尔. 建筑模型制作：模型思路的激发[M]. 王婧，译. 大连：大连理工大学出版社，2003.

[17] 赵春仙，周涛. 园林设计基础[M]. 北京：中国林业出版社，2006.

[18] 潘荣，李娟. 设计·触摸·体验：产品设计模型制作基础[M]. 北京：中国建筑工业出版社，2005.

[19] 刘光明. 建筑模型[M]. 沈阳：辽宁科学技术出版社，1992.

[20] 王双龙. 环境设计模型制作艺术[M]. 天津：天津人民美术出版社，2005.

[21] 郑建启. 模型制作[M]. 武汉：武汉理工大学出版社，2001.

[22] 谢大康. 产品模型制作[M]. 北京：化学工业出版社，2003.

[23] 刘学军. 园林模型设计与制作[M]. 北京：机械工业出版社，2011.

[24] 远藤义则. 建筑模型制作[M]. 朱波，等，译. 北京：中国青年出版社，2013.